Uwe Tabel

Auf der Schweißfährte

Ausbildung und Führung des vielseitigen Jagdgebrauchshundes

KOSMOS

Bewährt und schlüssig – aus über 50 Jahren Erfahrung

Es gibt bereits eine Reihe einschlägiger Veröffentlichungen zur Schweißarbeit mit Jagdhunden. Die darin geschilderten Ausbildungsanleitungen beziehen sich jedoch schwerpunktmäßig auf die herkömmlichen Schweißhundrassen, d. h. den Hannoverschen Schweißhund und den Bayerischen Gebirgsschweißhund [2, 3, 11, 19]. Nur wenige Beiträge befassen sich eingehender mit den vielseitig eingesetzten Jagdgebrauchshunden, die zusätzlich anspruchsvolle Schweißarbeit leisten sollen. [14, 15, 23].

Diese Lücke soll mit dem vorliegenden Buch geschlossen werden.

Die Ausbildung der Schweißhunde zur Fährtenarbeit, insbesondere des Hannoverschen Schweißhundes, hat eine sehr lange Tradition. Demgegenüber ist die Einbindung vielseitiger Jagdhunde in die Nachsuchenarbeit am Schalenwild erst mit der „modernen" Jagdkynologie seit dem ausgehenden 19. Jahrhundert ein Thema geworden.

Ferdinand Frhr. von Raesfeld [18] wies bereits zu Beginn des 20. Jahrhunderts auf die große Bedeutung des vielseitigen Jagdgebrauchshundes für die Schalenwildnachsuche hin, erteilte aber der künstlichen Fährte als Ausbildungsmittel eine Absage.

Die fachlichen Auseinandersetzungen über Kunstfährten sowie den Einsatz vielseitiger Jagdgebrauchshunde waren damit jedoch nicht beendet. Vielmehr unterliegt die Entwicklung nach wie vor dem Einfluss sich wandelnder Rahmenbedingungen. Dazu tragen unter anderem die Erfahrungen aus den in den 1950er-Jahren systematisch durchgeführten Versuchen mit künstlichen Fährten bei, ergänzt durch eine veränderte Sicht bzgl. der Rehwildnachsuche und enorm gestiegene Schalenwildstrecken. Aus der Verhaltensbiologie kamen zudem wesentliche Erkenntnisse zur zentralen Bedeutung der Motivation des Hundes und zu dem großen Potenzial der Früherziehung im Welpenalter.

Die allgemeine Aufbruchsstimmung im Nachkriegsdeutschland gab den erforderlichen Rückenwind, der meiner Generation den Start in die Zukunft erleichterte. Auch das Jagdgebrauchshundewesen lebte damals in dieser verbreiteten Zuversicht, die gekennzeichnet war durch Visionen, Begeisterung, Pragmatismus und durch faire, sachbezogene Diskussion. Dem Kleingeist wurde wenig Raum gegeben.

Nachdem es bereits in den ersten Jahrzehnten des letzten Jahrhunderts entsprechende Hinweise gegeben hatte, verfestigte sich in den 1950er-Jahren die Erkenntnis, dass das Leistungsvermögen unserer vielseitigen Jagdgebrauchshunde auf der natürlichen und künstlichen Rotfährte das Niveau der festgelegten Prüfungsanforderungen bei Weitem überschreitet.

Die Verbandsschweißprüfungsordnung von 1961 folgte erstmals dieser Erkenntnis und setzte die Anforderungen herauf. Die Richtlinien dazu wurden im Rahmen zahlreicher Vorversuche erarbeitet, die ich als Schüler mit meinen Hunden zum Teil aktiv begleiten durfte.

Diesem Buch liegen eigene Erfahrungen aus mehr als fünf Jahrzehnten zugrunde: Erfahrungen aus der Ausbildung vielseitiger Jagdgebrauchshunde anhand künstlicher Fährten und aus der Nachsuchenpraxis, ergänzt durch Wissenszuwachs aus Prüfungen, Speziallehrgängen, Fachseminaren und nicht zuletzt aus wissenschaftlichen Erkenntnissen. Daraus resultiert letztlich die Erkenntnis, dass die Spezialisierung eines vielseitig eingesetzten Jagdgebrauchshundes auf anspruchsvolle Schweißarbeit hohe Anforderungen an Hundeführer und Hund gleichermaßen stellt.

Alles zusammen hat zu einem bewährten, schlüssigen Konzept der Ausbildung und Führung vielseitiger Jagdgebrauchshunde auf der Schweißfährte

geführt, welches hier vorgestellt und empfohlen wird. Dabei sei ausdrücklich betont, dass jeder Ausbildungs- und Führungsmethode Respekt zu zollen ist, die einen vergleichbaren Erfolgsnachweis nicht schuldig bleibt.

Literaturhinweise sind mit eckiger Klammer und zugeordneter Ziffer [XX] gekennzeichnet.

Den Bildautoren, die mich bei der Herstellung des Buches unterstützt haben, insbesondere Axel Brachat, sowie jenen, die bei Aufnahmen mit ihrem Hund „Modell standen", danke ich sehr. Mein ganz besonderer Dank gilt Hans Leis, Jörg und Vera Tabel für deren Anregungen und engagiert-kritische Bearbeitung des Manuskriptes.

Annweiler am Trifels *Uwe Tabel*

Vorgaben und Voraussetzungen

Der Rahmen – Prüfungswesen und Jagdpraxis

Die qualifizierte Ausbildung zur Schweißarbeit hat sich an den Erfordernissen der jagdlichen Praxis zu orientieren. Die Nachsuche, die „Arbeit nach dem Schuss" ist eine in hohem Maße verantwortungsvolle Aufgabe des Jägers, begründet vor allem mit der Fürsorge für die Kreatur. Jäger sind dem Tierschutz unmittelbar verpflichtet! Um die Kernaufgabe der qualifizierten Nachsuche zu erfüllen, müssen genügend und dafür entsprechend ausgebildete Hunde und Hundeführer zur Verfügung stehen.

Stellenwert und Anspruch an die Riemenarbeit im Rahmen der Schweißarbeit haben wie kein anderes Prüfungsfach für vielseitige Jagdgebrauchshunde im Verlauf eines Jahrhunderts aufwertende Veränderungen erfahren. Darauf sei nachfolgend eingegangen.

Die Geschichte der Riemenarbeit

Der Leithund, geführt von Berufsjägern herrschaftlicher Höfe, diente bereits vom frühen Mittelalter bis ins 18. Jahrhundert

Johann Elias Ridinger (1698–1767): „Suchjäger (Besuchsknecht) mit Leithund an langer Leine, aus dem Wald in freies Gelände tretend."

der Bestätigung gesunden Hochwilds. Seine Arbeit war Voraussetzung für die Organisation der Jagd auf das so bestätigte Wild. Er leistete dabei vornehmlich Fährtenarbeit am langen Riemen bzw. am „Hängeseil". Bei KRÜNITZ [12] lesen wir:

„Der Leithund … ist bey dem Weidewesen der vornehmste und edelste Jagdhund. Er wird vorzüglich dazu gebraucht, um das verborgene Wild auszuforschen, wo, und in welchem Dickicht es sich aufhalte, welchen Weg es dahin genommen, und wie ihm nun beyzukommen sey; daher ist er auch die ganze Stütze der Kunst eines Jägers."

Vom Leithund zum Schweißhund

Mit der Entwicklung der Schusswaffe gewann die Arbeit auf der Schweißfährte, d. h. auf der Fährte angeschossenen Hochwildes zunehmend an Bedeutung. Aus den Leithunden wurden Schweißhunde gezüchtet; so am Jägerhof Hannover jener Schweißhund, der 1885 den heute geläufigen Namen „Hannoverscher Schweißhund" bekam. Er wurde sowohl auf der Wundfährte als auch zum „Bestätigen" geführt.

Mit der Züchtung des leichteren Bayerischen Gebirgsschweißhundes wurden die besonderen Anforderungen an alpine Bedingungen berücksichtigt.

Die in Hannover entwickelte *Jägerhofmethode*, der die Einarbeitung von Schweißhunden am Schweißriemen auf der gesunden (kalten) Fährte von Hochwild zugrunde liegt, blieb in ihren Grundzügen bis in die Gegenwart erhalten und hat sich gewiss bewährt. Daneben aber nahm und nimmt der Weg über die Einarbeitung auf der künstlichen Fährte erheblich an Bedeutung zu.

Schweißarbeit mit vielseitigen Jagdgebrauchshunden

Spätestens seit Beginn des 20. Jahrhunderts gab es Praktiker, die der künstlich angelegten Schweißfährte und ihrer langen Stehzeit im Ausbildungskonzept für vielseitige Jagdgebrauchshunde das Wort redeten. Sie führten zunächst ein Einzelkämpferdasein, und ihre Erkenntnisse gelangten erst Jahrzehnte später zur allgemeinen Anerkennung.

PETER HACKER aus Speyer/Pfalz, der schon um die Zeit des Ersten Weltkrieges mit seinen Deutsch-Kurzhaar-Hunden den Praxisnachweis erstaunlicher Leistungsfähigkeit auf Übernachtfährten erbrachte, war einer der Pioniere. FRITZ HAGEMEISTER und CARL TABEL stellten in den 1920er-Jahren in Mecklenburg diverse Versuche an, um auf bis zu 50 Stunden alten Kunstfährten den Grenzbereichen der Leistungsfähigkeit unserer vielseitigen Jagdhunde näherzukommen.

Der Schweißhundführer FRANZ MUELLER stand in den 1930er-Jahren mit

>INFO

Fährtenarbeit lange Spezialistensache

Bis in das 20. Jahrhundert war die Fährtenarbeit am langen Riemen nahezu allein dem Hannoverschen Schweißhund und seinem engen Verwandten, dem Bayerischen Gebirgsschweißhund, vorbehalten. Wenn auch DIEZEL *[4] die Möglichkeit sah, den (kontinentalen) Vorstehhund über die künstliche „Schweißschleppe" auf die Rehwildnachsuche vorzubereiten und einige Jahrzehnte später* OBERLÄNDER *[17] dazu nähere Anweisungen gab, traute man dem vielseitigen Jagdgebrauchshund seinerzeit auf diesem Gebiet und aus Sicht heutigen Wissens eine nur geringe Leistungsfähigkeit zu. Die Eignung der vielseitig eingesetzten Jagdgebrauchshunde zu ernsthaft anspruchsvollen Riemenarbeiten wurde von der herrschenden Meinung verneint. U. a. ist der Einfluss von* OBERLÄNDER, *einem der Väter unserer Gebrauchsprüfungen, offensichtlich so nachhaltig, dass die geringen Anforderungen an die Schweißarbeit im Prüfungswesen – mit der wenige Stunden alten Tagfährte – bis in die Gegenwart nachwirken.*

seinem Plädoyer für die Kunstfährte als effektivem Ausbildungsmittel für Schweißhunde im ausgeprägten Gegensatz zu den etablierten Schweißhundeexperten. Zudem billigte er auch den vielseitigen Jagdgebrauchshunden auf diesem Gebiet bemerkenswerte Leistungsfähigkeiten zu [16], wie auch sein Vorgänger als Forstmeister auf dem Darß, der im Vorwort genannte FERDINAND FREIHERR VON RAESFELD [18].

Die Riemenarbeit in den Prüfungsordnungen

Der *Stellenwert der Riemenarbeit* auf der künstlichen Rotfährte hat im Prüfungswesen für vielseitige Jagdgebrauchshunde seit dem Bestehen des Jagdgebrauchshundverbandes e. V. (JGHV) *erhebliche Veränderungen* erfahren.

Im Vorfeld der Entstehung des Jagdgebrauchshundverbandes (1899) wurde 1891 in Berlin der „Verein für Prüfung von Gebrauchshunden zur Jagd" gegründet

Der „Sperlingshund", Logo und Markenzeichen des Jagdgebrauchshundverbandes (JGHV)

[24], der 1892 die erste, von Hegewald und Oberländer initiierte Gebrauchsprüfung durchführte. Sie ist die Geburtsstunde der Prüfung von (kontinentalen) Vorstehhunden auf der Schweißfährte.

Die Prüfungsordnung vom 23. August 1891 schreibt unter Abschnitt „VI. Von den Prüfungsarten", Punkt A 5. vor:

„*Arbeit auf Schweißschleppe von Rotwild, Damwild etc.; der Hund muss das Stück entweder am Riemen ausarbeiten oder frei verloren suchen, totverbellen oder totverweisen. Freiverlorensuchen und Totverbellen resp. Totverweisen gelten als bessere Leistung gegenüber der erfolgreichen Arbeit am Riemen.*"

Unter Abschnitt „VII. Ausführungsbestimmungen", Punkt A. heißt es weiter:

„5 a. Riemenarbeit auf Schleppe von Hochwild- etc. Schweiss

Der Hund wird am Riemen zur Fährte (Anfang der Schweissschleppe) gelegt und muss die künstliche Rotfährte bis zum verendeten Stück arbeiten.

Da ein absichtliches Krankschiessen von Wild im Sinne der Humanität vermieden werden soll, so würde diese Schweissschleppe (annähernd der Praxis entsprechend) so herzustellen sein, dass ein Stück Wild totgeschossen und von diesem der Schweiss entnommen wird, um vermöge der sogenannten Schwammschleppe die Rotfährte künstlich herzustellen.

Am Endpunkt jeder Schleppe muss dann dieses Stück Wild niedergelegt werden, und hätten somit alle Hunde die gleiche Arbeit.

5 b. Schweissschleppe; der Hund verbellt tot

Bei dieser Arbeit wird der Hund zur künstlichen Fährte gelegt, der Jäger bleibt stehen, und der Hund muss, beim verendeten Stück angekommen, dieses so lange verbellen, bis der Jäger daselbst angekommen ist.

5 c. Schweissschleppe; der Hund verweist tot

Bei dieser Arbeit wird der Hund gleichfalls zur künstlichen Fährte gelegt, der Jäger bleibt stehen, und der Hund muss, wenn er das verendete Stück Wild gefunden hat, zurückkommen und seinem Führer durch irgend ein Zeichen (winseln, in die Höhe springen, nach dem verendeten

>TIPP

Die Gebrauchs-Prüfungs-Ordnung – sie wurde mit der Gründung des JGHV 1899 von dem Verband übernommen – steht gewissermaßen für die „Stunde null" der Riemenarbeit, der man seinerzeit gegenüber der freien Suche eine nachgeordnete Bedeutung beimaß und die wir heute als zentralen Teil der qualifizierten Schweißarbeit ansehen.

Wesentliche Entwicklungen der Schweißarbeit-Prüfung nach jeweils aktuellen Ordnungen für Verbands-Gebrauchsprüfungen[1]

Anforderungen	1892[3]	1913	1926	1939
Schweißart	Schalenwild	Schalenwild	Schalenwild	Schalenwild, **auch Hammel- od. Rinderblut**
Fährtenlänge	ohne Angabe[4]	**ca. 500** Schritte, mehrere Haken	ca. 500 Schritte, mehrere Haken	mind. 500 Schr., mehrere Haken
Legeart	„Schwamm"-Schleppe	**Schweißschleppe per Apparatur**[5]	**Schweißschleppe per Apparatur**	Schweißschleppe per **jedweder** Apparatur
Riemenarbeit	nur alternativ, auf ganzer Länge	nur alternativ, auf ganzer Länge	nur alternativ, auf ganzer Länge	nur alternativ, auf ganzer Länge
Totverbeller[2]	Freisuche vom Anschuss	**erste 100 Schritt am Riemen**	**erstes Drittel am Riemen**	erstes Drittel am Riemen
Totverweiser[2]	Freisuche vom Anschuss	**erste 100 Schritt am Riemen**	**erstes Drittel am Riemen**	erstes Drittel am Riemen
Schweißmenge	ohne Angabe	ohne Angabe	ohne Angabe	ohne Angabe
Stehzeit	sogleich	**max. 1,5 Std.**	**ohne Angabe**	**max. 3 Std.**
Sonstiges	–	**altern. auch sog. Unterbrochenes Totverbellen**	altern. auch sog. Unterbrochenes Totverbellen	**unterbrechender Totverbeller = Verweiser**

[1] *Anm.: In den Nachkriegsjahren bis 1955 war zunächst noch die PO 1939 mit einigen Ergänzungsbeschlüssen gültig.*
[2] *Versager dürfen reine Riemenarbeit machen (seit mind. 1913)*
[3] *PO 1899 vom Verband übernommen*
[4] *wohl im Anhalt an Haarwildschleppe, i. e. 500 Schritt*
[5] *Es waren verschiedene Apparaturen (z. B. Drahtwalze noch Oberländer) zulässig außer „alter Drahtkorb"*

Stück Wild zulaufen und sich dabei nach seinem Führer umsehen u. s. w.) zu verstehen geben, dass er gefunden hat, worauf dieser dem Hund folgt, bis er eventuell zum verendeten Stück Wild geführt ist.

Am höchsten ist die Arbeit 5 b (Totverbellen) zu beurteilen."

Anforderungen im Wandel

Oben stehende Übersicht veranschaulicht die Entwicklung nach den Beschlüssen der jeweiligen Hauptversammlungen des Verbandes, wobei Änderungen halbfett gedruckt sind. Es ist offensichtlich, dass in den 50er-Jahren ein deutlicher

Anforderungen	1955	1964	1976	1996
Schweißart	w.v.	w. v.	**auch Mischung**	w. v.
Fährtenlänge	**400 m**	w. v.	w. v.	w. v.
Legeart	**Tropfen**	Tropfen **oder Tupfen**	w. v.	w. v.
Riemenarbeit	**obligatorisch**	w. v.	w. v.	w. v.
Totverbeller[2]	**+ 200m**	w. v.	w. v.	w. v.
Totverweiser[2]	**+ 200m**	w. v.	w. v.	w. v.
Schweißmenge	**max. 0,25 l/400m**	w. v.	w. v.	w. v.
Stehzeit	**1 bis 5 Std.**	**2** bis 5 Std.	w. v.	w. v.
Sonstiges	**Anschneideprüfung für Riemenarbeiter, detaillierte Angaben zu Haken, Uhrzeit beim Legen, Markierung, Wundbetten, Fährtenabstände**	**„Sonderrichter Schweiß" wird eingeführt**	**Anschneideprüfung entfällt; Zusatzfährte möglichst nach Riemenarbeit legen**	**Verhalten am Stück wird eingeführt; zusätzlich Übernachtfährte (mind. 14 Std.)**

Sinneswandel einsetzte, als die obligatorische Riemenarbeit über schließlich 400 m eingeführt, die Art der Fährtenherstellung (Legeart „Tropfen") vereinheitlicht und die Schweiß- bzw. Blutmenge begrenzt wurde.

1996 hielt endlich die „Übernachtfährte" Einzug in die Ordnung für Verbandsgebrauchsprüfungen (VGPO). Aus fachlicher Sicht bleibt bis zur Gegenwart ein Relikt alter Denkart, nämlich die anspruchslose Stehzeit der alternativ wählbaren „Tagfährte", die lediglich mindestens zwei bis ca. fünf Stunden beträgt. Dazu sei auf spätere Ausführungen verwiesen. Im Übrigen aber ist die Verbandsgebrauchsprüfung (VGP) als Vielseitigkeitsprüfung für Hunde einzigartig.

Seit 2004 müssen zudem Hunde, die als Totverweiser oder -verbeller versagen, vom zweiten Wundbett aus, d. h. nach der 400 m langen Riemenarbeit, am Riemen ohne Rückruf zum Stück führen. Damit wird der grundsätzlichen Forderung Rechnung getragen, dass zum Bestehen der Prüfung das Stück auch „in Besitz genommen" ist.

Verbandsschweißprüfungen mit hohem Anspruch

Die JGHV-Hauptversammlung beschloss 1961 die Ordnung für Verbands-Schweißprüfungen (VSwPO). In der Erkenntnis, dass es für die Leistungsfähigkeit vielseitiger Jagdgebrauchshunde auf der Schweißfährte bis dahin keinen angemessenen Nachweis gab, wurde diese Spezialprüfung eingeführt. In Ergänzung zur VSwP kam 2003 die Verbandsfährtenschuh-Prüfung (VFSP) hinzu, die sich im Grunde allein durch die Art der Herstellung der Fährte von der VSwP unterscheidet. Mit dem Bestehen der Prüfung wird das Leistungszeichen „Sw" bzw. „FS" vom JGHV vergeben.

Die Kernvorgaben des hohen Anspruchs sind

- Prüfungsgelände in großen Forsten mit guten Schalenwildbeständen (d.h. mind. zwei Arten),
- Mindestlänge der Fährte 1000 m,
- Mindestalter 20 bzw. 40 Stunden,
- maximale Schweißmenge auf 1000 m 0,25 l sowie
- Verlauf der Fährten durch wechselnden Bewuchs mit drei annähernd rechtwinkeligen Haken.

Die Anforderungen an die VSwP werden in diesem Buch als Orientierungsleitlinien im Rahmen des Ausbildungs- und Führungskonzeptes genutzt. Die Erfüllung der Anforderungen beinhaltet zugleich einen sehr guten Einstieg in

Die meisten Nachsuchen auf Schalenwild gelten dem Reh.

die Nachsuchenpraxis. Wenn auch die Realität leider in vielen Fällen eine andere ist, d. h. allein das Leistungsabzeichen angestrebt wird, bleibt das Ziel der Verbandsschweißprüfung der qualifizierte Einsatz bei der Nachsuche auf Schalenwild.

Nachsuchenbedarf in Deutschland

Angesichts der angestiegenen Schalenwildstrecken in Deutschland hat die Schweißarbeit im Rahmen der Nachsuchenanforderungen zusätzliches Gewicht bekommen. In der Bundesrepublik Deutschland werden jährlich rund 1,6 Mio. Stück Schalenwild erlegt, wovon auf das Rehwild mehr als eine Million (ca. 63 %), auf das Schwarzwild ca. 0,5 Mio. (ca. 29 %) entfallen, der Rest bewegt sich um 8 %. Das Rehwild nimmt somit beim Nachsuchenbedarf eine herausgehobene Stellung ein, wobei hinzukommt, dass diese Nachsuchen vielfach besonderen Schwierigkeiten unterliegen.

Die Statistik über den jährlichen Fallwildanteil beim Schalenwild weist mehr als 200 000 Stück pro Jahr aus, wobei die tatsächliche Anzahl deutlich höher liegen dürfte. In jedem Falle ergibt sich auch daraus, zumeist verursacht durch den Straßenverkehr, ein nennenswerter Nachsuchenbedarf.

Die Statistik

Über die Nachsuchen der im Verein Hirschmann e. V. und Klub für Bayerische Gebirgsschweißhunde 1912 e. V. (KGBS) organisierten Nachsuchenführer werden im „Hirschmannbrief" [8] bzw. „Unser Hund – Jahresbericht" [25] jährlich Statistiken erstellt, in denen Nachsucheneinsätze dokumentiert und aufschlussreiche Hinweise auf die segensreichen Einsätze dieser etablierten Nachsuchenspezialisten gegeben werden. Den Herren Andreas Irle (Verein Hirschmann e. V.)

Schalenwild-Jahresstrecken in Deutschland im zehnjährigen Durchschnitt (Quelle: DJV-Handbuch)

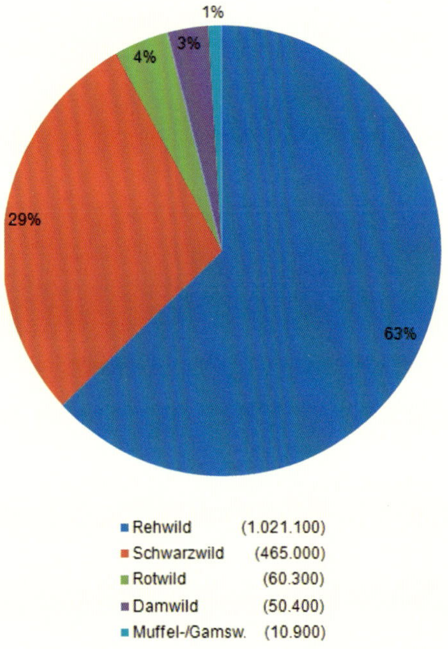

und Manfred Moser (Klub für Bayerische Gebirgsschweißhunde 1912 e. V.) gilt besonderer Waidmannsdank für die Überlassung verdichteter Zahlen.

Beiden Quellen ist zu entnehmen, dass die summarischen Ergebnisse nahe beieinanderliegen und folgende Schlüsse zulassen:

- Insgesamt werden jährlich rund 25 000 Nachsucheneinsätze durch Hannoversche Schweißhunde und Bayerische Gebirgsschweißhunde geleistet.
- „Erschwerte" Suchen (je nach weiteren Umständen: länger als 300 m oder/und mit Hetze oder/und nach Einsatz anderer Hunde oder/und Einsätze nach Bewegungsjagden mit Stöberhunden) liegen bei 40 % der Einsätze.
- 15 bis 20 % der Einsätze enden mit erfolgreichen Hetzen.
- Das Rehwild spielt eine nachgeordnete Rolle. In den „Hirschmannbriefen" gibt es zu Nachsuchen auf Rehwild keine Angaben; den Jahresberichten des KBGS entnehmen wir jährliche Nachsuchen auf ca. 1 000 Rehe (mit steigender Tendenz).

Es ist davon auszugehen, dass unter Einbeziehung von Kontrollsuchen etwa 10 bis 15 % der Schalenwildstrecke in Deutschland eine Nachsuche erfordern. Das heißt, es stünden hier jährlich Nachsuchen auf Schalenwild in einer Größenordnung um 200 000 an. Diese Anzahl beinhaltet auch „einfache Totsuchen", die etwa die Hälfte aller Nachsuchen ausmachen dürften und vom weniger spezialisierten Hund erfolgreich gearbeitet werden können.

>INFO

Zusammenarbeit ist ein Muss

Kein Zweifel: In besonders schwierigen Fällen ist das hoch spezialisierte Nachsuchengespann – wenn es denn greifbar ist – immer die bessere Alternative für die Nachsuche. Dieses Gespann muss immer angefordert werden, wenn die eigenen Möglichkeiten erschöpft sind – falscher Ehrgeiz oder „Futterneid" gehen zulasten der verletzten Kreatur und sind gerade in diesem Bereich der Jagd verantwortungslos! Wirkliches Verantwortungsbewusstsein erfordert die regionale enge Zusammenarbeit aller Nachsuchenführer – derjenigen mit herkömmlichen Spezialisten und derjenigen mit vielseitigen Jagdhunden –, ihren offenen Erfahrungsaustausch und ihre gegenseitige Ergänzung und Vermittlung bei entsprechenden Anforderungen.

Spezialisten allein decken den Bedarf nicht

Dennoch vermögen die etablierten Schweißhundgespanne den verbleibenden Nachsuchenbedarf nicht annähernd zu befriedigen. Somit ergibt sich nach wie vor eine wichtige Daueraufgabe für andere Jagdgebrauchshunde, die individuell die notwendigen Anlage-Voraussetzungen mitbringen und angemessen ausgebildet und geführt werden.

Das *Schwergewicht* liegt bei Nachsuchen auf *Rehwild*, was sich aus dessen weit überwiegendem Schalenwild-Streckenanteil ergibt. Grundsätzlich ändert daran auch nichts, dass das Rehwild „weich" auf die die Kugel reagiert. Auf die besonders schwierigen Bedingungen der Rehwildnachsuche wird später noch eingegangen.

Zudem fordern die exorbitant gestiegenen Schwarzwildstrecken ebenfalls hinreichende Nachsuchenkapazitäten, die durch vielseitige Jagdgebrauchshunde ergänzt werden können und müssen. Bei entsprechender Anlage, Ausbildung, sachgerechter Führung und Praxiserfahrung ist der vielseitige Jagdgebrauchshund zu sehr anspruchsvollen Leistungen bei der Nachsuche in der Lage!

Die stark gestiegenen Schwarzwildvorkommen erfordern angemessene Nachsuchenkapazitäten.

Ansprüche an Hund und Hundeführer

Bei keiner anderen Jagdart mit dem Hund ist die Harmonie in der Partnerschaft von Jäger (Hundeführer) und Hund von so ausschlaggebender Bedeutung wie bei der nachhaltig erfolgreichen Schweißarbeit.

Partnerschaft Jäger und Hund

Die meisten Jagdarten, wie die Suche im Feld, das Stöbern im Wald oder Wasser, das freie Verlorensuchen u. a. m. lassen dem Hund eine mehr oder weniger große Selbstständigkeit. Dabei vermag er relativ leicht, (falsch gerichtete) Einwirkungen des Führers zu ignorieren und seine Aufgabe trotzdem erfolgreich zu beenden. Natürlich führt auch bei solchen Arbeiten die bessere Harmonie zu höherer Leistung, doch ist sie nicht von so ausgeprägter Wirksamkeit wie bei der Riemenarbeit.

Erfolgreiche Schweißarbeit verlangt Harmonie in der Partnerschaft.

Die Ursache liegt darin, dass der Schweißriemen, ca. zehn Meter lang, den Hund auf sehr engem Raum und unausweichlich an den Führer bindet. Der Hund ist dadurch in eine Abhängigkeit gezwungen, die zugleich sein Verhalten entscheidend beeinflusst. Er vermag die jeweilige mentale Befindlichkeit des Hundeführers in diesem kleinen Rudel zweifelsfrei zu erkennen und ist ihr ausgeliefert, kann sich ihr nicht entziehen.

Ob der Hundeführer verunsichert, missmutig, ärgerlich ist, innerlich bereits aufgegeben hat oder ob er zuversichtlich, gelassen, von Durchhaltewillen beseelt und voll konzentriert zur Beute will, alles das und viel mehr erkennt der Hund sehr rasch und reagiert dementsprechend – je nach Vorbild negativ oder positiv.

Das Rudel aus Hundeführer und Hund

Die Gründe dieser Wechselwirkungen sollen erläutert werden:

An die hierarchisch geordnete Sozialstruktur, an das Rudel, ist der Hund seit Urzeiten gebunden. Er findet darin je nach eigener Veranlagung und individuellen Verhaltensmustern der anderen Rudelmitglieder seinen Rangplatz. Die

Balance innerhalb des Rudels wird durch eine funktionierende Kommunikation (Körpersprache, Lautäußerung, Stimmungsübertragung ...) aufrechterhalten. U. a. verhält sich der Rangniedere so, dass er dem Ranghöheren gegenüber stets „alles recht macht", auf dessen „Wünsche" achtet und sich ihm anpasst. Der Ranghöhere ist dem Rangniederen gewissermaßen ein Vorbild.

In dem kleinen „Hundeführer-Hund-Rudel" ist es grundsätzlich nicht anders. Allein die Kommunikation zwischen beiden verläuft zunächst eher einseitig, denn der Hund „versteht" seinen Rudelführer sehr rasch und gut, während der Hundeführer wegen viel gröberer Sinne seine „menschlichen Schwierigkeiten" hat. Warum ist das so?

„Lesen" und Verstehen

Spezifische innersekretorische Vorgänge und unkontrollierte Bewegungen (Körpersprache) begleiten die Befindlichkeiten des Hundeführers.

- Es ist einerseits die für den Menschen unvorstellbare Riechfähigkeit des Hundes, durch die er solche sekretorischen Veränderungen wahrnimmt und somit die aktuelle „Seelenlage" seines Meisters erkennt. Er kann ihr nicht ausweichen, passt sich ihr an, sein Verhalten wird dadurch gelenkt – je nach Vorbild positiv bzw. negativ.

>TIPP

Die Ausdrucksweisen der Hunde, auf die sich ein Führer einstellen muss, können von Hund zu Hund recht unterschiedlich sein. Sie jeweils zu erkennen und richtig zu interpretieren, ist eine wesentliche Aufgabe des Hundeführers!

- Zudem vermag der Hund als hervorragender Bewegungsseher die unkontrollierte Körpersprache als Ausdruck der inneren Befindlichkeit seines Herrn sicher zu interpretieren, sodass in gleicher Weise die Mechanismen der Anpassung und der daraus folgenden Verhaltensbeeinflussung greifen.

Umgekehrt ist es für den Menschen mit seinen viel gröberen Sinnen erheblich schwieriger, seinen Partner Hund zu verstehen, ihn „richtig zu lesen". U. a. ist es für den Hundeführer eine besondere Herausforderung, die Verhaltensweisen seines Hundes auf der Fährte richtig zu interpretieren, ob er der richtigen Fährte oder einer Verleitung folgt, ob er konzentriert oder oberflächlich arbeitet, ob er ermüdet ist und eine Pause eingelegt werden muss und anderes mehr.

Das Verhältnis des Hundes zum Führer unterliegt also besonderen Rahmenbedingungen, welche der Führer verinnerlichen muss. Darüber hinaus sollte beiderseits eine Reihe von Anforderungen erfüllt sein, bevor die anspruchsvolle Ausbildung zum Nachsuchengespann in Angriff genommen wird.

Anforderungen an den Hund

Die Verhaltensbiologie hat uns die Erkenntnis gebracht, dass das individuelle Verhaltensmuster des Hundes resultiert

- sowohl aus seiner genetischen Veranlagung
- als auch aus der im Welpen- und Junghundalter je nach Umweltbedingungen erworbenen Wesensentwicklung

Gene und Umwelt

Die genetischen Anlagen spiegeln das Ergebnis der geschlechtlichen Kombination beider Elternteile wider und sind die Grundlage für die Verhaltens- und Wesensentwicklung des heranwachsenden Hundes.

Zugleich aber beeinflussen frühes Erlernen und Erfahren das spätere Verhaltensmuster des Zöglings. Die Aufzucht- und Ausbildungsbedingungen sind dabei prägend, d. h. die dem Welpen gegebene Umwelt hat durchschlagenden Einfluss auf seine weitere Verhaltens- und Wesensentwicklung.

Im Ergebnis gehören genetische Anlagen und Umweltbedingungen zusammen. Hier sollen Letztere in ihrer Bedeutung – insbesondere in einer zivilisatorischen Umwelt wie unserer – hervorgehoben werden. Im Welpen- und Junghundalter können spezielle Anlagen in erheblichem Maße gefördert oder unterdrückt werden [22].

Der spezifischen, zielorientierten Ausbildung für die Riemenarbeit ab dem Welpenalter ist nachfolgend ein eigener Abschnitt gewidmet. Zunächst sollen aber die Kernanforderungen an den Hund angesprochen werden.

Spur- bzw. Fährtenwille

Der ausgeprägte *Spur-* bzw. *Fährtenwille* des Hundes als Ausdruck seines *Folgedranges* zur Beute und die damit verbundene *andauernde Beharrlichkeit* sind leicht nachvollziehbare, grundsätzliche Anlagenvoraussetzungen.

Die Anlagen können zwar im jugendlichen Alter nennenswert gefördert werden, müssen aber in ihrer genetischen Grundausstattung hinreichend vorhanden sein. Anlageprüfungen, welche die Spurarbeit (Hasen- oder/und Fuchsspur) mit zum Inhalt haben, geben – bei richtiger Beurteilung – wichtige Hinweise auf die Eignung des Kandidaten. Wichtiger aber sind kritische Beobachtungen des Führers, inwieweit die o. a. Merkmale seines Hundes die Spezialausbildung für die Arbeit am Schweißriemen rechtfertigen.

Spursicherheit

Neben dem Spur- bzw. Fährtenwillen ist die Sicherheit, einer Spur zu folgen, das weitere entscheidende Kriterium. Die sogenannte Spursicherheit ist Ausdruck der *nervlichen Belastbarkeit* bzw. der Wesensstabilität des Hundes. Sie zeigt sich u. a. im Verhalten des Hundes, wenn Schwierigkeiten auftreten, *wie* er dem Spurverlauf folgen will. Vermag er seinen Drang zur Beute dahingegen zu beherrschen und sich zu sammeln, um in beharrlicher Konzentration den Fortgang zu finden? Es geht um die Feststellung, inwieweit der Hund in der Lage ist, seine Passion, seinen Folgedrang zu beherrschen. Konzentrierte Arbeit mit der Nase ist gefragt, nicht das oberflächliche Rennen!

Zudem versetzt die hinreichende Wesensstabilität den Hund in die Lage, sonstige Stresssituationen (optische und akustische Reize, Verleitungen durch Wild, Fehlverhalten des Führers u. a. m.) rasch zu überwinden und nach kurzer Zeit wieder zur Selbstsicherheit zu finden. Im Rahmen späterer Ausführungen wird erörtert, wie die Konzentration bei der Riemenarbeit beeinträchtigt, berücksichtigt und ggf. wiederhergestellt werden kann.

Im souveränen Nasengebrauch wird schon der Welpe geschult.

Naseneinsatz

Der *geschickte (souveräne) Nasengebrauch* steht mit der vorgenannten Wesensstabilität in Zusammenhang. Die Nasengüte an sich, d. h. die objektive Riechfähigkeit, ist heute kein (züchterisches) Problem mehr, wohl aber subjektiv der souveräne Nasengebrauch. Sich allein *einem* „roten Faden“ konzentriert zu widmen, ihn aus dem „Konzert der vielen Gerüche“ immer wieder herauszufinden, ist ein Teil der Anlage, der bei entsprechender Ausbildung und Erfahrung zu hohem Leistungsgrad führt.

Konstitution und Kondition

Der sichere Nasengebrauch infolge hoher Konzentrationsfähigkeit hängt darüber hinaus auch von der physischen Konstitution des Hundes ab. Insofern gehört die *körperliche Ausdauer* zu den wichtigen Voraussetzungen.

Abgesehen vom selbstverständlichen Training soll der Hund keine körperlichen

Mängel aufweisen, die seine Leistungsfähigkeit mindern. Ob seine Augenfarbe hell oder dunkel ist, ist beispielsweise gleichgültig, ob seine Herzfunktion stabil ist und die Bewegungen in allen Gangarten frei sind, ist hingegen von großer Bedeutung.

Fährten- oder Sichtlaut

Der für die qualifizierte Schweißarbeit, d. h. schließlich für die Nachsuche von Schalenwild bestimmte Hund muss *wenigstens sichtlaut* sein. Aus gutem Grunde ist diese Voraussetzung für die Zulassung zur Verbandsschweißprüfung in der Prüfungsordnung (VSwPO) verankert. Besser ist natürlich der *fährtenlaute* Hund.

>TIPP

Wildschärfe, Hetzfreude und Schnelligkeit sind Gebote eines recht verstandenen Tierschutzes und bei Nachsuchen auf verletztes, aber noch fluchtfähiges Wild unabdingbar. Schlimm ist es nämlich, wenn der hetzende Hund das kranke Stück Hochwild nicht scharf stellend am Platz bindet oder das laufkranke Stück Rehwild – das sich in der Regel nicht stellt – nicht erreicht, kompromisslos niederzieht und abtut und so dessen Leiden unnötig verlängert wird.

Es hat fatale Folgen, wenn der Führer die Hetze, welche i. d. R. mit anspruchsvollen Nachsuchenarbeiten verbunden ist, nicht mit dem Ohr verfolgen kann. U. a. gibt die jeweilige Art des Lautes – ob auf der Fährte, beim sichtigen Hetzen oder beim Stellen – dem nachsuchenden Jäger wichtige Entscheidungshilfen für sein weiteres Verhalten.

Wildschärfe

Schließlich sollte der Hund über eine angemessene *Wildschärfe* in Verbindung mit ausgeprägter *Hetzfreude* und entsprechender *Schnelligkeit* verfügen, damit er ggf. ein krankes Stück hetzt und abtut.

Im Zweifelsfall muss bei Nachsuchen ein geeigneter zweiter Hund mitgeführt werden, der diesen Teil der Nachsuche sicher erledigt. Es gibt einige erfolgreiche Nachsuchenführer, die grundsätzlich für den Fall der notwendigen Hetze einen solchen Hund mitführen. Unverzichtbar ist der ergänzende Hund, wenn die nachsuchenden zwar hervorragende Riemenarbeiten absolvieren, aber das laufkranke Reh aufgrund zu geringer Körpergröße (z.B. Teckel) oder die kranke, aber noch mobile Sau wegen mangelnder Schärfe nicht zur Strecke bringen, sondern die arme Kreatur lediglich fortjagen.

Nicht jeder gute Riemenarbeiter ist ein brauchbarer Hetzer!

Anforderungen an den Hundeführer

Der passionierte, erfolgreiche Nachsuchenführer empfindet bei der Schweißarbeit (Riemenarbeit) eine hochgradige Faszination. Die einfühlsame Verständigung über den Schweißriemen zwischen ihm und dem Hund, das „Lesen" der Verhaltensweisen des Hundes sowie das augenblickliche Reagieren darauf und schließlich der Erfolg als Lohn nach dem Einsatz in der Praxis nähren die unübertreffliche Begeisterung für diesen Teil der Jagd.

Die kennzeichnende Qualifikation des führenden Jägers ist allerdings von außerordentlicher Bedeutung. Neben vorhandener Begabung kann er dazu eine Menge lernen. Einige Punkte sollen besonders angesprochen werden:

Zeitreserven und Kondition

Der Hundeführer muss sich darüber im Klaren sein, dass der *zeitliche Aufwand* bis zur souveränen Erfüllung der Bedingungen der VSwPO und erst recht bis zum verantwortungsbewussten Praxiseinsatz *außerordentlich hoch* ist, erheblich höher als der für die gesamte Vorbereitung zur Gebrauchs- bzw. Verbandsgebrauchsprüfung!

Deshalb tut man gut daran, dem ehrgeizigen Vorhaben die *selbstkritische Prüfung* voranzustellen, ob man sich dazu zeitlich in der Lage sieht und ob der geliebte Hund die notwendigen Eigenschaften mitbringt, die diesen Aufwand auch sachlich rechtfertigen.

Die *körperliche Leistungsfähigkeit* des Hundeführers sollte den Anforderungen im Gelände entsprechen. Gewiss ist das in der Ebene leichter möglich als im Gebirge. Doch darf auch der Auwald-Dschungel oder die forstliche Dickung und Ähnliches kein Hindernis für den Jäger sein, dem Hund am langen Riemen zu folgen.

Durchhaltevermögen und Ausgeglichenheit

Es gibt keinen qualifizierten Nachsuchenführer, den nicht zugleich ein *hohes Maß an jagdlicher Passion* auszeichnet; ihm ist in der Tat nichts zu viel. Mit *ausgeprägter Beharrlichkeit* und innerer *Ausgeglichenheit* widmet er sich der Ausbildung seines Hundes wie jeder Nachsuchenanforderung in der Praxis. Dieser positive innere Antrieb ist im oben genannten Sinne auch Vorbild für den Hund, überträgt sich und gibt dem Gespann eine gute Grundlage für schließlich anspruchsvolle Leistungen bei der Riemenarbeit.

Beobachtungsgabe und Verständnis

Die Schweißarbeit erfordert von Ausbilder und Führer ein hohes Maß an *Einfüh-*

lungsvermögen, Beobachtungsgabe und *Verständnis* für bestimmte und individuelle Verhaltensweisen des Hundes sowie in der Praxis der Nachsuchen für die Verhaltensweisen des verfolgten Wildtieres. Das alles wächst schließlich mit zunehmender Erfahrung und der verinnerlichten, aufgeschlossenen Bereitschaft zum Lernen während eines ganzen Nachsuchenlebens.

>TIPP

Für falschen Ehrgeiz ist bei der Nachsuchenarbeit kein Platz! Gerade im Fall eigener Erfolglosigkeit ist vielmehr die regionale Zusammenarbeit aller Nachsuchenführer, sind gegenseitige Empfehlung und Unterstützung notwendig. Nur so wird dem Nachsuchenwesen im Sinne der Waidgerechtigkeit und damit dem Tierschutz Rechnung getragen.

Objektivität

In seiner besonderen Verantwortung bei Nachsuchen muss der Führer die *Leistungsgrenzen seines Hundes objektiv beurteilen* und akzeptieren und in seine Entscheidungen bzw. Empfehlungen einbeziehen. Beispielsweise gibt die beste Riemenarbeit keine Gewähr für den Erfolg der Nachsuche, wenn das Stück Wild noch sehr mobil ist, der Hund aber nicht hinreichend hetzt und scharf bedrängt,

Erfolgreiche Schweißarbeit stellt nicht nur Anforderungen an den Hund, sondern auch an den Hundeführer.

stellt bzw. niederzieht. In solchen Fällen sorgt der verantwortungsvolle Hundeführer dafür, dass entweder ein weiterer Hund mitgeführt und zur Hetze eingesetzt oder die Nachsuche von einem anderen Gespann fortgesetzt wird.

Bei erfolgloser Nachsuche wird zuweilen allzu leichtfertig konstatiert, dass das „Stück nicht zu bekommen" sei. Weit häufiger ist aber Zweifel als Gewissheit angesagt. Auch mit dem nachgewiesenermaßen sehr guten Gespann muss zuweilen mit einer Fehlsuche, ggf. aus sehr unterschiedlichen Gründen, gerechnet werden.

Es bedarf also vom verantwortungsbewussten Nachsuchenführer der sorgfältigen Analyse, ob das Stück mit einem anderen Gespann möglicherweise doch noch zur Strecke zu bringen ist.

Besonderheiten des vielseitigen Jagdgebrauchshundes

Die Spezialausbildung des auch anderweitig, also vielseitig eingesetzten Jagdgebrauchshundes auf der Schweißfährte ist anderen Voraussetzungen unterworfen als die Ausbildung des herkömmlichen und spezialisierten Schweißhundes, des Hannoverschen Schweißhundes oder des Bayerischen Gebirgsschweißhundes.

- Der Einsatz bei der freien Suche im Feld, im Wald und im Wasser führt zu Verhaltensweisen, die massiv der Einstellung entgegenstehen, die bei der Riemenarbeit gefordert werden muss. Der reine Spezialist ist, auch von seinen anlagebedingten Voraussetzungen abgesehen, während seiner Ausbildung solchen Widersprüchen nicht ausgesetzt.
- Die Ausbildung des vielseitig eingesetzten Jagdgebrauchshundes zum hochqualifizierten Riemenarbeiter im Rahmen der Schweißarbeit verlangt daher – zumindest zum Teil – einen besonderen Ausbildungsweg.

Die Schlüssel zum Erfolg

Schlüsselfunktionen haben neben den anlagebedingten Voraussetzungen beim Hund

1. der *Aufbau* und die *Pflege* seiner *Motivation*,
2. die Hinführung zur *stets beherrschten* (langsamen) *Gangart* sowie
3. insbesondere die *selbstverständliche Unterordnung* (Gehorsam).

Natürlich braucht der vielseitige Jagdgebrauchshund wie jeder Nachsuchenspezialist sehr viel Übung und Erfahrung, um zu einem Nachsuchen-(Zusatz-)Spezialisten zu werden. Aber die vielfachen Leistungsnachweise solcher Hunde nach entsprechender Ausbildung und nach ihren Nachsucheinsätzen in der Praxis sind beeindruckend, ja, aus jagdkynologischer Sicht faszinierend.

Von der „Prägung" zur Kunstfährte

„Prägung" des Welpen

KONRAD LORENZ [13], der „Vater der vergleichenden Verhaltensforschung", definiert die Prägung als „irreversible Fixierung einer Reaktion auf eine Reizsituation, der das Individuum nur wenige Male in seinem Leben begegnet ist … Die sensitive Periode der Prägbarkeit liegt oft sehr früh in der Ontogenese des Individuums und ist in manchen Fällen auf Stunden beschränkt, immer aber ziemlich scharf umschrieben. Die einmal vollzogene Determination … des Objektes kann nicht rückgängig gemacht werden".

Ergänzend wird eine aktuelle Definition zitiert [26], die inhaltlich jedoch nicht von LORENZ abweicht:

„Prägung nennt man in der Verhaltensbiologie eine irreversible Form des Lernens: Während eines meist relativ kurzen, genetisch festgelegten Zeitabschnitts (sensible Phase) werden Reize der Umwelt derart dauerhaft ins Verhaltensrepertoire aufgenommen, dass sie später wie angeboren erscheinen."

Prägungsähnliches Lernen

Beim Hund kann im Verhaltensrepertoire diese irreversible Form in ihrer Ausschließlichkeit nicht bestätigt werden. Vielmehr lassen spätere Umweltbedingungen Modifikationen oder Anpassungen des einst gelernten Verhaltens zu. Aus diesem Grunde wird (nach HASSENSTEIN) besser von *prägungsähnlichem* Lernen [6] gesprochen, und deshalb wird die „Prägung" hier in Anführungszeichen gesetzt. In jedem Falle ist der Einfluss der Umwelt in dem kurzen Lebensabschnitt, bis zum Alter von etwa 16 Wochen, d. h. während der sensiblen, für die „Prägung" empfänglichen Phase, für die Verhaltensentwicklung des Hundes von herausragender Bedeutung.

Anschaulich ausgedrückt ist die Lebensqualität als Jagdhund nahezu schicksalhaft an die Umweltbedingungen geknüpft, welche ihm in seiner Lebensphase als Welpe geboten werden. Betroffen davon sind die Umstände während der Aufzucht beim Züchter und die anschließenden Entwicklungsangebote durch den Erwerber des Welpen.

Die Wesens- und Verhaltensbildung des Jagdhundes ab dem Welpenalter ist in seriösen Ausbildungskonzepten heute mehr oder weniger zur Selbstverständlichkeit geworden. Das schmale, für die „Prägung" zur Verfügung stehende Zeitfenster steht etwa vier Monate lang offen. Das bedeutet für den Erwerber des Welpen, dass er sich mit dem Zögling, wenn er ihn in der 8. Lebenswoche übernimmt, in den folgenden zwei Monaten besonders intensiv beschäftigen muss.

Aufbau von „Urvertrauen"

Die allererste Aufgabe besteht darin, in wenigen Tagen eine enge *Bindung zwischen Hund und Führer („Urvertrauen"* [13]) aufzubauen, die dem Welpen die sichere Erfahrung vermittelt, dass er ihm Schutz und Fürsorge garantiert, ihm Vorbild ist, und dessen Nähe er sucht. Häufiger, einfühlsamer Körperkontakt, zeitweises Spielen auf Augenhöhe und die Futtergabe ausschließlich durch den Hundeführer führen zur raschen Verständigung in dem neuen, kleinen Rudel.

Nur die vorhandene, enge Bindung zwischen Rudelführer und Welpen ermöglicht die positive „Prägung" auf die nachgenannten *vier Zielbereiche:*

Geborgen im „Urvertrauen" zum Führer

Die „soziale Bildung" des Welpen durch Begegnungen mit anderen führt zu entspannter Gemeinsamkeit.

„Demutshaltung"...
... und „Sitz" als Unterordnungsübungen

- Verhalten gegenüber Artgenossen und Menschen (Stichwort: Sozialisierung),
- Verhalten gegenüber zivilisatorischen Umweltbedingungen (Stichwort: Gewöhnung an – aus dem hundlichen Empfinden – zunächst stressverursachende Geräusche, optische Reize und Örtlichkeiten),
- Verhalten in Bezug auf angemessene Einordnung in das kleine Mensch-Hund-Rudel (Stichwort: Unterordnung),
- *Förderung* und *Fortentwicklung* der *jagdlichen Anlagen*.

Die Ausbildung des Jagdhundewelpen ist andernorts eingehend behandelt [22]. Nachstehend soll lediglich die Förderung jagdlicher Anlagen mit Schwerpunkt Fährtenarbeit auf der Futterschleppe abgehandelt werden.

Förderung der jagdlichen Anlagen

Die Neugier, der Erkundungstrieb des Jagdhundewelpen scheint unersättlich. Wenn er sich nicht gerade in der Ruhephase befindet, untersucht er, räumlich mit zunehmendem Radius, schnüffelnd, scharrend, spielend und zuweilen probierend alles Neue. Die Nase ist dabei sein wichtigstes Orientierungsorgan. Auf diese Weise erweitert er permanent seine Erfahrungs- und Erlebniswelt – wenn ihm denn dazu die Möglichkeiten geboten werden! So beginnt *sein* früher Bildungsweg, artgemäß und beispielhaft in der Tierwelt, allein begrenzt durch die Autorität des Muttertieres bzw. der Führung in der familiären Gemeinschaft.

In der Natur gibt somit die Verhaltensbiologie eine der Voraussetzungen für das Überleben. Im Rahmen der Domestikation sind erhebliche Anteile dieser Urbedürfnisse verloren gegangen, doch ist das Repertoire des Jagdhundes noch immer beträchtlich – andernfalls wäre er keiner!

Das Programm zur „prägenden“ Förderung der jagdlichen Anlagen und der daraus resultierenden jagdrelevanten Verhaltensweisen hat verschiedene Inhalte, die einander bei den Übungen teilweise ergänzen. So wird die Fertigkeit des Nasengebrauchs bei der Mehrzahl der Übungen trainiert. Andere Verhaltensweisen können nur durch spezielle Übungen gefördert werden, wie etwa die Wasserfreude, die Konzentration bei der Fährtenarbeit oder die Riemenfestigkeit. Alle Übungen erfolgen zeitlich parallel.

Reviergänge

Tägliche Ausflüge mit dem sich frei bewegenden Welpen in unterschiedlicher Umgebung gehören zu den wichtigsten Maßnahmen. Zunächst wird er bemüht sein, seinem Vorbild überallhin zu folgen.

Hindernisse: Auf den regelmäßigen Ausflügen lernt der Welpe u. a., *Hindernisse zu überwinden*, wie z. B. steile Wegböschungen, Gräben und kleine

Mit dem „Rudelführer" im Wasser

Ganz selbstständig wird die Hürde im Gelände überwunden.

> **›TIPP**
>
> *Erste Reviergänge mit dem selbstständigen Überwinden von Hindernissen unternimmt ein verantwortungsbewusster Züchter bereits mit der Welpengemeinschaft in deren siebter Lebenswoche. Vor allem die Mutterhündin ist dabei das motivierende Vorbild..*

Wasserflächen, querliegende Baumstämme, dichte und hohe Grasflächen, stachelige Brombeerflächen und anderes mehr. Es ist besonders darauf zu achten, dass der Welpe solche Hürden selbstständig meistert, einzig angetrieben von seinem Folgedrang, ohne „erstickende" Hilfestellung. Insofern müssen die Hürden den körperlichen Möglichkeiten und dem Erfahrungsstand des Welpen entsprechen, wobei schrittweise und stetige Erhöhungen der Anforderungen dem Ausbildungsfortschritt dienen.

Training des Geruchssinns: Von wesentlicher Bedeutung ist die Entwicklung der *olfaktorischen Erfahrungswelt* des Welpen. Der Mensch kann sich die objektive Riechfähigkeit des Hundes kaum vorstellen. Dieser hochempfindliche Geruchssinn bedarf aber auch des Trainings bzw. der Weiterentwicklung, um die außergewöhnliche Leistungsfähigkeit

Die Nase ist das wichtigste Orientierungsorgan des Hundes!

eines Jagdhundes, der für anspruchsvolle Aufgaben vorgesehen ist, zu erzielen.

Bei täglichen Reviergängen begegnet dem Welpen eine Fülle von Gerüchen, die er neugierig untersucht. Die Sitzstelle einer Lerche oder das bewohnte Mauseloch, das Fasanengeläuf oder die Hasensasse, die Fährte von Reh-, Schwarz- oder Rotwild, die Markierungsstelle eines Fuchses oder anderen Hundes wecken seine Aufmerksamkeit. Er macht dabei viele, wenngleich einseitige Bekanntschaften und lernt zu unterscheiden. Interessiert sich der Rudelchef dann im Einzelfall und für den Hund erkennbar für dessen Entdeckungen, wird er in seiner Neugier speziell und zusätzlich motiviert. So kann der Welpe beispielsweise beim Verfolgen einer frischen Hasenspur unterstützt werden und damit bereits ein kleines Stück „gemeinsamen Jagens“ erleben.

Eigene Erfahrungen: Dem Welpen muss zunächst weitgehend Freiraum gewährt werden, um *selbstständig Erfahrungen sammeln* zu können. Auch während der Jagdausübung mit ausgebildeten Jagdhunden soll er unbeschränkt mitlaufen dürfen. Die Grenze aber ist dann erreicht, wenn der Welpe bzw. Junghund so selbstständig wird, dass er beginnt, sich längerfristig zu entziehen. Dann kommt er an die Leine; Freiläufe werden nur unter verleitungsfreien Umständen gewährt und Fährten und Spuren ggf. nur noch am langen Riemen gearbeitet.

Es muss immer bedacht werden, dass der junge Jagdhund mit zunehmender, arteigener Erfahrung unter konkurrierende Einflüsse gerät. Das ist einerseits die Bindung an seinen Führer, andererseits die vielfältige Verlockung angesichts ausgeprägter Anlage zum Jagen. Letztere schließlich zu kontrollieren, ist einer adäquaten Ausbildung vorzubehalten. Wird dieser Zusammenhang nicht berücksichtigt, macht der Zögling die aus seiner Sicht selbstständige Erfahrung, dass vom Führer losgelöstes Jagen höchst lustvoll ist.

Führerfährte

Eine recht zweckdienliche Übung für die Entwicklung des Welpen ist auch das

Führerfährte. Ein neutraler Helfer hält den Hund, und der Führer verschwindet.

Hinterher! Die Nase weist den Weg zum Führer.

Ausarbeiten der *Führerfährte*. Das geschieht wiederum schrittweise. So kann sich der Führer, wenn der Zögling gerade abgelenkt ist, unter Wind neben dem Weg verstecken. Der Welpe wird suchen zurücklaufen, in den Wind kommen und seinen Führer finden. Nach wenigen Übungen entfernt sich der Führer rasch zehn bis 20 Meter vom Weg, sodass der Welpe sich an seiner Spur orientieren muss.

Mit Unterstützung einer Hilfsperson, die den Welpen so lange festhält, bis er die ersehnte Suche nach seinem Führer aufnehmen darf, lassen sich dann weitere Schwierigkeitsstufen einbauen. Wenn der Welpe dabei immer erfolgreich ist und ihn der Führer beim „Wiedersehen" stets freudig begrüßt, bringt er es in kurzer Zeit zu erstaunlichen Fertigkeiten, seinen „Rudelführer" über viele Hundert Meter, eingelegte Haken und kurze Widergänge zu finden. Sowohl sein Gebrauch der Nase als auch seine Selbstsicherheit und die Bindung zum Führer profitieren davon.

Die Reizangel

Dieses Instrument ist hervorragend für die Jagdhundeausbildung geeignet. Auch hierfür kann der verantwortungsvolle Züchter in der Gemeinschaft seiner Welpen bereits die Grundlagen schaffen. Die Reizangel ist als Motivations- und Entspannungsgeber vielseitig einsetzbar, nicht zuletzt als Mittel zur Festigung des Gehorsams.

Welpe an der Reizangel

Bei der Futterschleppe im Rahmen der Ausbildung zur Schweißarbeit kann der Einsatz der Reizangel u. a. am Ende der Fährte das spezielle Lustgefühl als Motivation für diese Arbeit schaffen. Da sie und ihr Einsatz anderenorts [22] eingehend beschrieben sind, wird hier nicht ausführlicher darauf eingegangen. Zwei Voraussetzungen sollen hier aber ihrer Bedeutung wegen wiederholt werden:

1. Der Welpe soll unmittelbar vor einer Übung mit der Reizangel nicht gefressen haben!
2. Das Ende des Spieles bestimmt immer der Hundeführer, und zwar *bevor* der Welpe ermüdet oder lustlos erscheint!

Ein Stück Sauschwarte zur wildspezifischen Prägung des Welpen an der Reizangel

Nur unter diesen Voraussetzungen ist die „Prägung“, d. h. die lebenslange Lust am Jagen an der Reizangel zu erreichen.

Mithilfe der Reizangel kann im Hinblick auf den späteren Nachsucheneinsatz eine besonders wichtige Voraussetzung geschaffen werden, nämlich die der angstfreien Verhaltensanpassung am wehrhaften Schwarzwild. Dem Welpen werden dafür als Beutestück an der Reizangel regelmäßig frische Schwartenstücke (zu Beginn nur vom Frischling) geboten. Die natürliche Hemmung gegenüber Schwarzwild überwindet er rasch und entwickelt stattdessen ein spezifisches Interesse und Überlegenheitsempfinden. Diese Art der *wildspezifischen „Prägung“* bewährt sich auch bei Stöberhunden, die sich danach mehr den Sauen als den Rehen widmen sollen. Die Bereitstellung frischer Stücke ist einfach, indem man Schwartenstücke (auf ca. 20 x 5 cm) eines erlegten Tieres einzeln einfriert.

Die Futterschleppe

Die Futterschleppe ist *das* Mittel, das unmittelbar die Ausbildung des Jagdhundes für die Riemenarbeit auf der Rotfährte einleitet. Es sei vorausgeschickt, dass auch der Hund ohne entsprechende Frühausbildung zu ordentlichen Leistungen auf der Rotfährte kommen kann.

Gegenüber dem Artgenossen, der die „prägende“ Vorschule genossen hat, ist er aber deutlich im Nachteil!

Der ausschlaggebende Punkt ist, dem Welpen die *Motivation* für die Arbeit am langen Schweißriemen einzuprägen. Sie erlangt der Welpe, weil das Ende für ihn stets mit einem überaus lustvollen Erleben verbunden ist. Es ist nicht wichtig, *wie*, als vielmehr *dass* das Erleben bei jeder Übung garantiert ist. Es gibt mehrere Möglichkeiten, dem Welpen das Fährtenende entsprechend zu gestalten.

Vorgaben

Ein besonders zielführender, hundertfach bewährter und einfacher Weg ist die regelmäßige, aber sparsame *Futtergabe* für den *hungrigen* Welpen nach geleisteter Arbeit am Ende der Schleppe. Um das prägende Erleben auf hohem Niveau zu halten, sind einige grundsätzliche Vorgaben zu beachten:

1. Der Welpe muss vor jeder Futterschleppe wirklich hungrig, mindestens die letzte normale Futtergabe vor der Arbeit also ausgefallen sein. Da Futterschleppen nicht täglich angeboten werden und zeitlich unregelmäßige Futtergaben durchaus artgemäß sind, hat das keine nachteiligen Auswirkungen. Ist der Hunger aktuell nicht gewährleistet, nimmt man von der Übung besser Abstand!

2. Am Fährtenende wird als Futterbelohnung stets vom – zunächst etwa handgroßen – Schleppstück (Pansen, Lunge etc.) gereicht, sodass die olfaktorische Identität von Fährte und „Beute“ gewahrt ist. Das erhöht die Attraktivität der angebotenen Fährte gegenüber anderen Gerüchen, sodass die Fährtentreue gefestigt wird.

3. Am Ende der Fährte bleibt das Schleppstück mit der für das Schleppen benutzten Schnur verbunden. Der Führer nimmt die Schnur nach Beendigung der Fährtenarbeit in die Hand und lässt den Welpen einige Sekunden heftig daran zerren, bevor er seinen Teil bekommt.

4. Der Welpe erhält dabei immer nur wenig zu fressen, nie bis zu seiner Sättigung! Vielmehr muss ihm das Gefühl bleiben, noch viel mehr erbeuten zu wollen. Das dient der Erhaltung seiner so wichtigen Motivation für diese Arbeit; zu Hause darf er sich dann sattfressen.

Nach rasch zunehmender Routine des Welpen genügt schließlich ein etwa fingergroßes Stück zur Fährtenherstellung. Dann werden für die Belohnung einige Stücke des gleichen Materials am Schleppenende bereitgehalten.

5. Die Frage, in welchen zeitlichen Abständen die Futterschleppe angeboten werden soll, ist in Abhängigkeit von der Motivation des Welpen zu beantworten. Lässt der Welpe in seiner Motivation

nach, dann ist eine größere Pause bis zur nächsten Übung einzulegen.

Immer am Schweißriemen

Wenige Tage nach der Übernahme des Welpen, d. h. wenn die Bindung zwischen ihm und seinem Führer hergestellt ist, wird mit Übungen auf der Futterschleppe begonnen. Wie in allen Ausbildungsbereichen führt das *schrittweise Vorgehen* zum Erfolg. Sehr schnell, nach ein bis drei Übungen, lernt der hungrige Zögling bei freier Suche, dass über die gelegte, wenige Meter lange Schleppfährte die köstliche Beute zu finden ist.

Der Führer geht am Ende rasch zum Hund, lässt ihm nach kurzem Zerrgerangel an der Beute teilhaben und unter freundlichem Zuspruch „frisst" er gemeinsam mit ihm. Die Verknüpfung erfolgt schnell und offensichtlich, sodass die weiteren Übungen nur noch mit dem Schweißriemen und einer nicht würgenden, breiten Halsung durchgeführt werden.

Die *Nutzung des Schweißriemens* anstelle einer anderen Leine wird dringend empfohlen. Er steht aus der Sicht des Hundes einzigartig in Verbindung mit der Schweißarbeit! Zudem ist die Handhabung des Schweißriemens einfacher und reibungsfreier als die einer Feldleine oder ähnlichen Schnur.

Im Hinblick auf eine möglichst rei-

Neun Wochen alter DW-Welpe frei auf der Futterschleppe …

>INFO

Lederhalsung statt Brustgeschirr

Die herkömmliche, breite Lederhalsung ist nach den Erfahrungen des Verfassers Brustgeschirren, die mam seit einiger Zeit immer häufiger sieht, vorzuziehen. Die Kommunikation zwischen Führer und Hund funktioniert über den an der Halsung befestigten Schweißriemen wesentlich feiner als über ein Brustgeschirr.

bungslose Führung ist darauf zu achten, dass der Schweißriemen stets in seiner ganzen Länge ausgeworfen bleibt, ohne gewickelte Schlaufen in den Händen des Führers. Je nach Situation hangelt sich der Führer näher zum Hund oder gibt ihm mehr Freiraum oder behält die gegebene Länge bei.

Am „Anschuss“

Das Ritual der *„Untersuchung des Anschusses“* wird bereits jetzt vor jeder Arbeit auf der Futterschleppe demonstriert. Dabei bleibt der Welpe wenige Meter entfernt angebunden oder ggf. schon abgelegt, sodass er das Tun seines Führers neugierig und angespannt beobachten kann. Die Kombination von Schweißriemen und „Untersuchung des Anschusses“ vermitteln dem Hunde die Grundeinstimmung auf die bevorstehende Aufgabe.

Am Anschuss wird der Welpe mit „Sitz“ diszipliniert und nimmt dann ...

... die Futterschleppe passioniert an. Schon jetzt wird mit breiter Halsung und am Schweißriemen gearbeitet.

Nach dem Heranführen untersucht der Welpe sehr interessiert Stelle und Beginn des Fährtenverlaufs. Dafür wird ihm ausreichend Zeit gelassen, bevor der Führer mit ruhigem, aber spärlichem Zuspruch „Such verwund't!“ zur Weiterarbeit auffordert. Der stets gleiche und kurze Zuspruch vereinfacht dem Welpen die Verständigung.

Der anfänglich etwa fünf Meter langen Schleppfährte folgt die Steigerung auf 10, 30, 50, 100 m und mehr. Der Verlauf der Fährte muss dem Führer bei der Einarbeitung metergenau bekannt, d. h. entsprechend markiert sein!

Langsam von Anfang an!

Von Beginn an ist auf eine möglichst langsame Gangart zu achten. Einerseits soll die Motivation des Welpen, sein ausgeprägter Arbeitswille und Vorwärtsdrang gefördert, andererseits seine aufkeimende Ungeduld durch einfühlsame Riemenführung beherrscht werden. Darin liegt für den Führer hinsichtlich seiner Geschicklichkeit eine besondere Herausforderung. Die Hinführung zur Sorgfalt ist gerade für anspruchsvolle Leistungen bei der Riemenarbeit mit dem vielseitigen Jagdgebrauchshund von besonderer Bedeutung und verträgt sich nicht mit einer Arbeitsweise „auf die Schnelle“. Der Grundgedanke wird uns weiter begleiten:

Es gibt keine zu langsame Riemenarbeit während der Ausbildung!

Der Führer bleibt stehen, bis der „rote Faden“ gefunden ist ...

... und folgt erst dann.

Gefunden: Der „Kampf um die Beute“ beginnt.

Der Rudelführer beansprucht die Beute für sich ...

... und gibt den „Rest" dem Welpen.

Riemenfestigkeit

Mit der beherrschten Gangart ist die sogenannte *Riemenfestigkeit* unmittelbar verbunden. Sie bedeutet, dass der Hund unbeirrt am Riemen zieht oder im Riemen steht, allein durch den Willen motiviert, zur Beute zu gelangen. Für manchen Hundeführer ist es ein Problem, wenn sein Zögling gar zu lebhaft und ungeduldig voranstürmt, bei Straffung des Schweißriemens seitlich auszubrechen versucht oder zurückkommt. Ein solches Verhalten ist der Riemenfestigkeit wie der Sorgfalt abträglich.

Mit einem wesensstabilen Hund können diese Schwierigkeiten in jedem Falle überwunden werden. Besonnenheit, volle Konzentration auf das Verhalten des Welpen und jeweils blitzschnelles Reagieren über die einfühlsame Riemenführung sind dafür die Voraussetzung.

Riemenfestigkeit im Fokus

Jeder Ansatz zur Heftigkeit des Hundekindes wird über den Schweißriemen sanft gebremst. Der Schweißriemen wird wie über eine „schleifende Kupplung" geführt, die Vorwärtsbewegung des Welpen einerseits nicht abrupt gebremst, andererseits aber verlangsamt. Bricht der Welpe ungeduldig aus oder will er zurückkommen, animiert ihn der Führer bei angedeuteter oder leichter Vorwärtsbewegung und ruhigem Zuspruch zur Weiterarbeit.

Unter so einer Anleitung lernt der Welpe, dass der Riemen für ihn kein Hindernis, sondern die Verständigungsleitung zu seinem Führer ist, mithilfe derer er zur ersehnten Beute kommt. Auch wenn er einmal im Gestrüpp festhängt, sich selbst im Riemen fängt oder vom Führer festgehalten wird, gerät er nicht in Ungeduld oder gar Panik, sondern wartet gelassen, bis der Führer für den Fortgang der Arbeit gesorgt hat. Schließlich bestimmt nicht der Hund, sondern allein der Führer das Tempo der Riemenarbeit – bis hin zum kurzzeitigen Stehenbleiben.

In Verbindung mit der langsamsten Gangart ist die Riemenfestigkeit die Voraussetzung für die „Verharr-Methode“, einem Weg zur Verständigung zwischen Führer und Hund, der als Ausbildungs-Teilprogramm nachfolgend in einem eigenen Abschnitt beschrieben ist.

Stehzeit und Länge – steigende Anforderungen

Arbeitet der Welpe Futterschleppen von etwa 100 m Länge motiviert und überlegen, ist deren *Stehzeit* auf mindestens drei Stunden und mehr zu erhöhen.

Die scheinbar höhere Anforderung ist für den Welpen überhaupt kein Problem.

>TIPP

Umfangreiche Versuche haben gezeigt, dass der Hund sehr schnell lernt, sich an der überlagernden Spur des schleppenziehenden Menschen zu halten. Erst nach einer Stehzeit von ca. zweieinhalb Stunden orientiert er sich wieder mehr am hinterlassenen Geruch des geschleppten Stückes bzw. am Schweiß.

Vielmehr kann man hernach die Zeit zügig verlängern bis hin zur Übernachtfährte.

Zusätzlich werden die Ansprüche an die *Länge* der Futterschleppe kontinuierlich erhöht. Entscheidend dafür bleibt die anhaltende Motivation des Welpen, die auch bei zunehmend längeren Strecken nicht nachlassen darf! Bei dieser Gelegenheit sei festgehalten, dass die Anforderungen der Futterschleppe an die Riechfähigkeit des Hundes natürlich gering sind. Es geht allein darum, dass der Hund lernt und motiviert wird, sein „Werkzeug“ Nase für das Verfolgen der angebotenen Duftlinie einzusetzen.
Die Verlängerung der Fährte dient dann dazu, seinen *Durchhaltewillen* – schließlich auch in Verbindung mit der zeitlichen Ausdehnung – zu trainieren.

Pansenstück an Schleppschnur. Anfangs durchgängig gezogen, wird das Schleppstück später auch des Öfteren angehoben.

Bei der Herstellung der Futterschleppe wird im fortgeschrittenen Übungsstadium das Schleppstück nicht nur so gezogen, dass eine ununterbrochene Duftfährte bleibt, sondern es wird wiederholt und zunehmend häufig kurz angehoben, sodass *Duftunterbrechungen* entstehen, die der Welpe zu überwinden hat. Auf diese Weise ist die Annäherung an die getupfte Schweißfährte gegeben.

Von der Futterschleppe zur Schweißfährte

Der *Übergang* von der *Futterschleppe* zur gespritzten, getupften oder getropften *Schweißfährte* verläuft problemlos. Wenn der Welpe nach vielfacher Übung an die Besonderheit der Arbeit am Schweißriemen gewöhnt ist, macht ihm auch der Wechsel zu einer veränderten Herstellungstechnik der sogenannten Rotfährte keine Schwierigkeiten.

Es ist nicht außergewöhnlich, aber dennoch faszinierend, wie der 12 bis 14 Wochen alte Welpe Fährtenlängen bis zu 400 m und länger als Übernachtfährte in beherrschter Gangart souverän meistert. Entscheidend bleiben die Aufrechterhaltung der Motivation und der systematische Fortgang im Ausbildungsprogramm. Darin liegt die besondere Aufgabe des Führers!

Der Sinn der Futterschleppe

Die spezielle „Prägung" des Welpen mithilfe der Futterschleppe gibt aber allein noch keine Garantie für einen hochqualifizierten Riemenarbeiter und Nachsuchenhund. Dafür sind zusätzliche Hürden zu überwinden, die im Folgenden erörtert werden. Aber sie ist ein enormer Schritt in Richtung einfacherer Nachsucheneinsätze sowie zur Vorbereitung auf die Anforderungen an Schweißarbeiten im Rahmen von Gebrauchs- und Brauchbarkeitsprüfungen.

Zudem bleibt die „Prägung" mittels der Futterschleppe eine gute Vorschule für Nachsuchen auf Niederwild und sonstige Aufgaben, die ebenfalls Besonnenheit und Konzentration voraussetzen. Jedenfalls gilt:

„Wenn Hänschen das alles lernt, hat Hans einen Riesenvorsprung!"

Der Jährling und die Kunstfährte

Augenfällig sind die Verhaltensunterschiede von Jährlingen am Schweißriemen zwischen denjenigen, welche die „Prägung“ über die Futterschleppe durchlaufen haben, und jenen, die mehr oder weniger unvorbereitet an die Aufgabe der Riemenarbeit herangeführt werden. Ist ihnen die Schweißhalsung mit dem Schweißriemen angelegt, suchen Erstere nahezu reflexartig mit der Nase am Boden nach der Fährte, sie können sich gewissermaßen gar nicht mehr anders verhalten. Hunde ohne vorangegangene „Prägung“ hingegen bleiben unbeeindruckt neutral, sie wissen noch nichts von der Bedeutung des Schweißriemens und müssen mit der neuen Aufgabe erst vertraut gemacht werden. Haben sie dann auch noch während des ersten Lebensjahres bei Stöberjagden die Verlockung des Beutemachens kennengelernt, bedarf es wesentlich größerer Mühe, ihr konzentriertes Interesse auf den „roten Faden“ zu lenken.

>INFO

„Früh- und spätreif“?

Die vielzitierte Früh- bzw. Spätreife mag durchaus genetische Wurzeln haben, in den meisten Fällen aber steht sie in Relation zu den Umweltbedingungen während der sensiblen Lebensphase des Welpen. Der Jagdhund reift in der Tat spät, wenn seine „Prägung“ ausgeblieben ist. Dennoch kann auch dieser vielseitig eingesetzte und auf der Schweißfährte ausgebildete Hund zu einem bemerkenswerten Leistungsniveau trainiert werden.

Herstellen künstlicher Rotfährten

Kennzeichnung des Anschusses

Der Anschuss, wie der Beginn einer Wundfährte genannt wird, sollte gewohnheitsmäßig nach der Regel der gemeinsamen Verständigung gekennzeichnet, d. h. entsprechend verbrochen werden. Dieser Teil des jagdlichen Brauchtums hat vor allem seine praktische Bedeutung. Dazu gehören der auffällig gesteckte Anschussbruch sowie der Fährtenbruch, der auf das erste gefundene Pirschzeichen (Schweiß, Knochensplitter, Schnitthaar, Kugelriss etc.) hinweist und die Fluchtrichtung angibt. Im Walde werden dafür Zweige aus der nahen Umgebung verwendet, in der Feld-/Wiesenflur anderes geeignetes Material.

Anschussbruch mit Fährtenbruch, dessen Spitze auf Pirschzeichen (Schweiß) verweist.

Immer wieder und selbst auf Verbandsprüfungen ist zu beobachten, dass mit dem Markierungsmaterial die ersten Pirschzeichen zugedeckt werden. Es liegt jedoch auf der Hand, mit der Spitze des Fährtenbruches quadratzentimetergenau den Beginn der Duftlinie zu bezeichnen, um den Zögling sorgfältig ansetzen zu können. Der Hinweis mag manchem Leser zu kleinlich erscheinen. Die Schweißarbeit ist aber nichts „fürs Grobe“. Zum Erfolg führt die Berücksichtigung vieler scheinbarer „Kleinigkeiten“.

Markierung des Fährtenverlaufs

Für den Ausbildungsbeginn ist es im Sinne dieses Ausbildungskonzeptes von ausschlaggebender Bedeutung, den Fährtenverlauf genau zu kennen, um bei der Führung jeweils situationsgerecht und unmittelbar reagieren zu können. Die Art der Markierung ist einerlei, ob im Freiland gesteckte Äste, im Wald an den Bäumen angebrachte Papierstücke oder Farbtupfer, ob gebrochene Zweige und Ähnliches.

Bewährt hat sich, im Wald herumliegende Aststücke während der Fährtenherstellung gegen einzelne Bäume entlang der Fährte zu lehnen. Die Fährte verläuft jeweils an derjenigen Seite vorbei, an der der Ast am Baum steht. Haken können beispielsweise durch zwei Äste am selben Baum markiert werden. Diese

Markierung der Fährte durch weiße Zettel

Hier markieren Äste den Fährtenverlauf.

Art der Markierung hat den Vorteil, dass sie während der Arbeit nebenher beseitigt werden kann. Tunlichst ist darauf zu achten, dass die Verbindung von einem Markierungspunkt zum nächsten mühelos zu sehen ist.

Welches Material?

Verschiedene Abhandlungen bewerten Herstellungsmöglichkeiten und -methoden von künstlichen Schweißfährten recht unterschiedlich. Bei dem hier vorgestellten Konzept jedoch und nach jahrzehntelanger Erfahrung ist die Art der Herstellung künstlicher Rotfährten von ausgesprochen nachrangiger Bedeutung. Weitaus wichtiger ist es, dem Hund die Motivation zu vermitteln, einer angebotenen Fährte passioniert und konzentriert zu folgen. Dennoch gibt es bezüglich der Fährtenherstellung einige Besonderheiten und Erwägungen, die zu erörtern sind.

Wildschweiß oder/und Rinderblut?

Diese Frage wird immer wieder aufgeworfen. Auch sie ist für dieses Ausbildungskonzept ohne wesentlichen Belang. Der Hund lernt, bis ins hohe Alter, unabhängig vom verwendeten Material,

>INFO

„Dauerfährten" sind kontraproduktiv!

Das dauerhafte Markieren einer Fährte, um sich wiederholtes Auszeichnen zu ersparen, ist für die Ausbildung des Hundes nicht zielführend, weil er zum einen den Weg nach wenigen Wiederholungen kennt, zum anderen nach kurzer Zeit den „ausgetretenen Pfad" wahrnimmt. Das bietet dem Hund eine nicht zu unterschätzende Orientierung, die ihn schließlich von der eigentlichen Aufgabe ablenkt. Deshalb darf ihm derselbe Fährtenverlauf nicht wiederholt angeboten werden.

passioniert und konzentriert der angebotenen Fährte zu folgen. Entscheidend bleibt, das sei wiederholt, die zu Ausbildungsbeginn vermittelte Motivation! Insofern wird Material jedweden Schalenwildes wie auch von Rind und Schaf verwendet. Ganz bewusst wird beispielsweise auch mit Material vom Rind gearbeitet, da es nahezu ständig verfügbar ist. So besteht jederzeit die Möglichkeit, den zur Riemenarbeit ausgebildeten, aber zwischenzeitlich anderweitig eingesetzten Hund wieder an das zu fordernde Grundverhalten bei der Riemenarbeit zu erinnern. Lediglich die Gefahr der Aujeszkyschen Krankheit, die durch Blut oder rohes Fleisch vom Schwein übertragen werden kann, ist zu bedenken.

Am *Ende* der Schweißfährte liegt stets die dem Hund bekannte *Rehdecke, Sauschwarte* o. Ä., die ihm quasi als Signal dient, dass er dort den köstlichen Brocken erhält oder ein anderes motivierendes Lusterlebnis stattfindet.

Futterschleppe und Futterbrocken

Die *Futterschleppe* wurde im Zusammenhang mit der „Prägung" des Welpen behandelt. Sie eignet sich durchaus auch für die anfängliche Ausbildung des Jährlings. Die Herstellung kann im Grunde mit jedem Fleischbrocken erfolgen, den der Zögling mit Freude frisst. Die Konsistenz des Brockens muss dessen ausreichend feste Verbindung mit einer Schnur zulassen, sodass er beim Schleppen nicht auseinanderreißt.

Je größer der Brocken, desto leichter ist die Orientierung für den Hund. Begonnen wird mit einem etwa handtellergroßen Stück, im Verlauf des Ausbildungsfortschritts wird dessen Größe zügig auf Zweifingergröße und weniger reduziert. Zudem ist die mit einem nassen oder feuchten Fleischstück gezogene Schleppe vom Hund leichter zu arbeiten als die mit einem trockenen Stück angelegte.

Lungenstück an Schnur und Führleine für Rotfährte

Diese Hinweise sind in Verbindung mit dem Ausbildungsstand zu beachten.

Beim unerfahrenen Jäger mag die Befürchtung aufkommen, der Hund werde über die Futterschleppe zum Anschneider erzogen. Doch darf versichert werden, dass diesbezüglich keinerlei Zusammenhang besteht. Das Anschneiden hat ganz andere Ursachen [22], die hier nicht diskutiert werden sollen. Die Futterschleppe ist zweifelsfrei ein hervorragendes Ausbildungsmittel.

Die sogenannte *Lungenschleppe* wurde in besonderer Weise von BANSEN [1] empfohlen. Sie ist im Grunde auch eine Futterschleppe – eben mit einem Stück Lunge – und für die Einarbeitung sehr gut geeignet. So hat es sich bewährt, nach dem Erlegen von Rehwild die Lunge separat zu entnehmen, entsprechend zu portionieren und einzufrieren, um fortlaufend frisches Material für Übungen zu haben.

Ob Futter- oder Lungenschleppe, beide ermöglichen eine einfache Fährtenherstellung. Mittels Schnur wird der Brocken an die umgehängte Führerleine gehängt, sodass beim Ziehen beide Hände für die Markierung des Fährtenverlaufs frei sind. Wenn man bei fortgeschrittenem Ausbildungsstand die Duftlinie, ähnlich der getupften Schweißfährte, unterbrechen will, kann man das Schleppstück wiederholt leicht anheben.

Herstellungstechnik der Schweißfährte

Spritzen

Verschiedene Techniken bieten sich zur *Ausbringung von Schweiß* bzw. Blut für die Rotfährte an. In Bezug auf die Ausbildungseignung unterscheiden sie sich kaum, deutlicher hingegen hinsichtlich ihrer Praktikabilität.

Für die *Spritz-Schweißfährte* wird u. a. eine Spritzflasche aus Kunststoff benutzt. Durch einfachen Druck auf den

Schweiß-Spritzflasche (o.) und -Tropfflasche

Flaschenkörper gelangt der Schweiß über die Düse nach außen. Dazu muss er hinreichend flüssig sein, um problemlos die Spritzdüse passieren zu können. Die Dosierung für die möglichst gleichmäßige Verteilung bei vorgesehen geringer Menge auf langer Strecke ist mit dieser Ausbringungstechnik etwas problematisch.

Tropfen

Mit der *Tropf-Schweißfährte* kommt man dem Schweißaustritt aus dem verletzten Wildkörper am nächsten. Das ist aber insofern von untergeordneter Bedeutung, als wir den Hund niemals darüber hinwegtäuschen können, dass jede von uns angelegte Schweißfährte eine künstliche Fährte ist. Der begleitende menschliche Geruch ist immer gegenwärtig, der Hund nimmt ihn wahr und unterscheidet ihn zweifelsfrei von der Naturfährte.

Beim Tropfen kann der Schweiß u. a. mithilfe einer Flasche mit Patentverschluss ausgebracht werden, wenn man dessen abdichtenden Gummiring abnimmt und den Spannhebel je nach Bedarf mit dem Daumen vor- oder zurückbewegt. Diese Technik lässt eine etwas gröbere Konsistenz von Schweiß bzw. Blut zu, wenngleich größere Gerinnungsklumpen auch hier hinderlich sind. Die Dosierungsmöglichkeit ist ähnlich wie bei der Spritztechnik zu bewerten.

Tupfen

Die Ausbringungstechnik für die *Tupf-Schweißfährte* hat den Vorteil, dass der Schweiß auch bei geringer Menge auf langer Strecke gezielt dosiert werden kann, zudem nicht unbedingt frei sein muss von geronnenen Teilen, und dass schließlich das Material in jedem Falle auf den Boden gelangt, was die Arbeit des Hundes mit tief geführter Nase fördert.

Benötigt wird ein leicht handhabbarer Behälter für den Schweiß/das Blut und ein einfacher, ca. 90 cm langer Tupfstock, beispielsweise vom Haselstrauch.

In einen kurzen Schlitz am unteren Ende wird ein kleiner Schwamm mit einer Unterfläche von vier bis sechs Quadratzentimetern eingespannt. Je nach Bedarf wird dieser Schwamm am Stock aus dem Behälter getränkt und danach mit ihm der Boden berührt. Nachteilig für den Fährtenleger ist, dass ihm beide Hände gebunden sind, während er für die Spritz- und Tropf-Fährten nur eine Hand braucht. Es gibt zwar einen einhändig zu bedienenden Spezial-Tupfstock – ein durchscheinendes Rohr –, der aber ist vor allem hinsichtlich der Dosierungsmöglichkeit und der notwendigen Schweißkonsistenz wiederum so nachteilig wie die vorgenannten Flaschen.

Bei gleicher Menge je Tropfen aus der Spritz- bzw. Tropf-Flasche einerseits und dem Tupfer andererseits gibt Letzterer wegen seiner größeren Oberfläche in der Regel eine stärkere Witterung ab. Dieser Unterschied wird allerdings relativiert, wenn aufgrund äußerer Umstände, etwa durch Niederschlag, Schweißspritzer oder -tropfen aus der Flasche entsprechend auseinanderlaufen.

Per Tupftechnik kann die Fährte auch mit einem kleinen Fleischbrocken hergestellt werden, der dann anstelle des Schwammes in den Stock eingespannt wird. Das entspricht gleichsam der Futterschleppe unter permanentem Anheben des Brockens und ist für die kon-

Schwammtupfer (li.) und Fährtenschuh-Modell

trollierte Steigerung der Anforderungen besser geeignet.

Fährtenschuh

Der *Fährtenschuh* war und ist Gegenstand lebhafter Diskussionen. Nicht wenige befürworten ausschließlich ihn und lehnen die vorgenannten Techniken des Fährtenlegens rundheraus ab. Zwischenzeitlich werden viele verschiedene Fährtenschuhmodelle angeboten, die sich im Material, in der technischer Anordnung und Ausstattung und der Geländegängigkeit unterscheiden. Darauf soll hier nicht näher eingegangen werden. Einige grundsätzliche Gedanken aber seien dem Fährtenschuh aus der Sicht dieses Ausbildungskonzeptes gewidmet.

Zweifelsfrei ist der Fährtenschuh bei richtiger Anwendung auch ein ausgezeichnetes Mittel, einen Hund für die Nachsuche vor allem auf Hochwild auszubilden. Aber auch mit dem Fährtenschuh kann dem Hund niemals eine „naturgemäße" Fährte vorgegaukelt werden. Wie bei anderen Herstellungstechniken unterscheidet die Hundenase eindeutig zwischen all diesen Kunstfährten einerseits und natürlichen Fährten andererseits. Ihrem überragenden Riechvermögen entgeht niemals der menschliche Beigeruch.

Aber unbeschadet davon ist die Herstellungsmethode im Besonderen ge-

>INFO

Fährtenschuh und Bodenverwundung

Eigene Versuche auf Rotfährten mit gemischten Herstellungstechniken ergaben, dass sich die Hunde auf den Fährtenschuh-Strecken deutlich leichter tun und zügiger arbeiten. Das liegt vor allem an der starken Bodenverwundung, die der schwere Mensch mit dem Fährtenschuh hinterlässt. Die Bodenverwundung aber ist für den Hund als Orientierungshilfe von herausragender Bedeutung.
Die Nachsuche von Rehwild gestaltet sich u. a. darum so schwierig, weil aufgrund seines relativ geringen Gewichts keine oder nur sehr geringe Bodenverwundungen entstehen und nach wenigen Stunden als Orientierungshilfe unwirksam werden. Deshalb ist es wichtig, die Nachsuchenhunde im Ausbildungsverlauf auf feine Duftpartikel aus dem Wildkörper einzustellen. Die starke Bodenverwundung, die mit Fährtenschuh-Fährten einhergeht, wirkt aus dieser Sicht im fortgeschrittenen Ausbildungsstadium eher kontraproduktiv.

eignet, dem Hunde die Fährtentreue zu vermitteln, wenn

- zum einen immer frische Schalen verwendet werden und
- zum anderen der ggf. beigegebene frische Schweiß vom selben Stück Wild stammt.

Einzig diese Voraussetzungen, die Sicherstellung der individuellen Geruchskomponenten, rechtfertigen aus kynologischer Sicht die besondere Bevorzugung des Fährtenschuhs [20].

Aus den im Kasten auf Seite 49 genannten Gründen spielt der Fährtenschuh im hier vorgestellten Ausbildungskonzept eine nachgeordnete Rolle. Die *Festigung* der *Fährtentreue* wird hier u. a. dadurch gefördert, dass der dem hungrigen Hunde am Ende gereichte Futterbrocken entweder mit dem Schleppmaterial (bei der Futterschleppe) identisch ist oder der verwendete Schweiß (bzw. das Blut) und der Futterbrocken vom selben Tier stammen.

Unterordnung und Motivation – Gegensätze?

Ob der Welpe bereits die segensreiche „Prägung" auf die Riemenarbeit erleben durfte oder erst mit dem Jährling der Ausbildungsweg beginnt, in jedem Falle ist der selbstverständliche, allgemeine Gehorsam überaus hilfreich auf dem Weg zum zuverlässigen Riemenarbeiter.

Schlüsselfunktion Gehorsam

Die Grundlage dafür ist getrennt von Übungen auf der Rotfährte zu legen, als absolut eigenständige Ausbildungsdisziplin. Dieser Gehorsam, diese Unterordnung wird also nie im Zusammenhang mit der Riemenarbeit trainiert, sondern zuvor oder parallel eingeübt [22].

Erst wenn der Hund gelernt hat, dem unaufgeregt geforderten „Halt!" oder „Platz!" oder „Sitz!" oder „Bleib!" unverzüglich, zuverlässig und selbstverständlich ohne Anzeichen der Einschüchterung nachzukommen, wird ihm diese Unterordnung auch bei der Führung am langen Riemen abverlangt. Der Gehorsam ist ein außerordentlich wirksamer Bestandteil der Führungstechnik bei der Riemenarbeit. Im Detail wird darauf später noch einzugehen sein.

Bei vom Verfasser durchgeführten Speziallehrgängen für Nachsuchenführer mit vielseitigen Jagdgebrauchshunden wurde zu Beginn stets der Stand des Gehorsams kontrolliert. Das Verständnis dafür fanden viele Teilnehmer erst im Verlauf des Lehrganges, wenn der Gehorsam bei der konzentrierten Riemenarbeit relevant wird. Der Gehorsam ist insbesondere, wenn auch nicht allein deswegen so wichtig, weil gerade der vielseitig arbeitende Jagdgebrauchshund den Ablenkungen durch anderes Wild bzw. andere Stücke besonders ausgesetzt wird. Über den Gehorsam lernt der Hund, seine Neigung zum Folgen auf Verleitfährten zu beherrschen – wenn er richtig ausgebildet und geführt wird.

Pflege der Motivation

Der Gehorsam des Jagdhundes ist die entscheidende Voraussetzung für alle hohen Leistungsansprüche im Jagdbetrieb. Die lebenslange Erfahrung mit diesen Hunden lehrt, dass sie schließlich alle ihre Aufgaben mit ausgeprägter Freude verrichten. Bei der Schweißarbeit sind wir zudem im besonderen Maße auf den „guten Willen" des Hundes angewiesen, in erster Linie *darf* er sie verrichten. Insofern besteht eine spezielle Anforderung an den Führer, den Hund trotz der Gehorsamseinforderung nie in seiner Motivation für die Riemenarbeit zu beeinträchtigen, zwischen Motivation und Gehorsam keinen Gegensatz entstehen zu lassen!

Wie aber kann dem Jährling eine Motivation für die Riemenarbeit vermittelt werden? Im Falle der relevanten „Prägung" als Welpe ist der fundamentale Schritt längst getan (s. Abschnitt „Die Futterschleppe", S. 34 f.). Im Grunde aber verknüpft auch der hungrige Jährling die am Fährtenende gefundenen und ge-

Das „Ablegen" ist eine Selbstverständlichkeit.

Reichlich motiviert: Ein 12 Wochen alter DW-Welpe hängt fest im Riemen.

reichten Fleischbrocken als lustbetontes Erleben mit der Riemenarbeit.

„Faust" und der „Italiener"-Hahn

Neben der Futterbelohnung gibt es durchaus weitere Möglichkeiten, die Motivation für die Riemenarbeit zu initiieren. Von einem originellen Beispiel aus den 1950er-Jahren sei berichtet: FRITZ WEICK, damals einer der profiliertesten Jagdkynologen im südwestdeutschen Raum, bildete für einen Fabrikanten den DD-Rüden „Faust" sehr vielseitig aus. Um ihm das verletzungsfreie Bringen von Federwild beizubringen, gab er ihm aus seiner Hühnerschar zunächst einen „Italiener"-Hahn in den Fang und ließ ihn diesen tragen. Weitere kontrollierte Schritte folgten bis hin zum Ergreifen und verletzungsfreien Bringen des flüchtigen Hahns. Der Hahn selbst lernte relativ rasch, die Flucht einzustellen, sich hinzusetzen und „ergeben" aufnehmen zu lassen, wenn der Hund bei ihm war.

Diese „Arbeit" bereitete dem Rüden große Freude. WEICK kam daher auf die Idee, den Hahn im Wald vom Ende einer Schweißfährte in die Deckung flüchten zu lassen, sodass „Faust" ihn nach der Riemenarbeit auf dem Geläuf suchen, greifen und bringen durfte. Der Hahn wurde übrigens nie vom Hund verletzt. Dem Rüden aber erwuchs eine außerordentliche Motivation für die Riemenarbeit, die ihn u. a. unter fremder Führung die erste „erschwerte" Schweißprüfung 1956 im Pfälzerwald gewinnen ließ. Das Beispiel wird nicht zur Nachahmung empfohlen, sondern soll lediglich verdeutlichen, dass der Fantasie recht weite Grenzen gesetzt sind, um die spezielle Motivation des Hundes für die Riemenarbeit zu initiieren.

In jedem Falle muss der Hund wirklich hungrig sein! Beim erwachsenen Hund (Jährling) bedeutet das in der Regel, dass er seine letzte Mahlzeit am vorletzten Tag bekommen hat. Um die Verknüpfung des lustvollen Erlebnisses, nämlich das gierige Fressen der gefundenen Beute, mit der Riemenarbeit herzustellen, sind die ersten Fährten kurz und einfach!

Die wenigen Brocken am Fährtenende sättigen ihn aber keineswegs. Nur so wird die nachhaltig wirksame Motivation erreicht, aufgrund derer der Hund bis zu seinem Lebensende künstliche Rotfährten passioniert ausarbeitet – trotz vielfältiger Erfahrung mit erfolgreichen Nachsuchen in der Jagdpraxis. Das ist insofern von Gewicht, als der Hund nach längeren „Nachsuchenpausen" bzw. anderweitigen Einsätzen mittels Übungsfährten immer wieder trainiert und an das notwendige Grundverhalten bei der Riemenarbeit erinnert werden kann.

Die Ausbildung zur Riemenarbeit

Rund um die Führungstechnik

Phänomen Fluchtrichtung

Dass der Hund die *Fluchtrichtung* am „Fährtenbild" feststellen kann, ist ein im Grunde noch ungeklärtes, aber zu bestätigendes Phänomen. Die Suche nach Erklärung hat zu unterschiedlichen Annahmen und Spekulationen geführt.

So wird vermutet, dass der Hund ein in Sekundenzeiträumen entstandenes Geruchsgefälle wahrnehmen und auf diese Weise die Richtung erkennen kann. Eine andere These geht davon aus, dass der Fuß-/Schalen-/Pfotenabdruck vorn ein anderes Geruchsmuster als hinten abgebe, was dem Hund als Orientierungshilfe diene.

John Jeanneneys These

Eine sehr interessante Annahme hat John Jeanneney [9] vorgestellt. Er vermutet zum einen, dass dem faszinierenden Orientierungsvermögen des Hundes auf der Spur oder Fährte ein Komplex von Ursachen zugrunde liegt, fügt aber eine weitere Hypothese hinzu:

Beim Schwimmen im Wasser entsteht ein v-förmiges Wellenbild, ausgehend von der Front des Schwimmers. Dabei driften die im Wasser schwebenden Teilchen zu einem spezifischen, der Wasserverdrängung entsprechenden Verteilungsmuster. Man stelle sich nun vor, diese Wellenform würde urplötzlich gefrieren und das Verteilungsbild der im Wasser schwebenden Teilchen wäre statisch sichtbar. So ließe sich im Nachhinein optisch die Schwimmrichtung feststellen.

Wenn ein Tier zieht, tritt eine Wolke von Geruchspartikeln seines Körpers auf beiden Seiten aus. Es ist bekannt, dass die Partikel mit der Luftbewegung driften. Das Muster der Gerüche-Wolke und die Verteilung der Geruchspartikel auf dem Boden und im Umfeld ergeben eine bestimmte Ausprägung, welche bei der Vorwärts-Bewegung des Tieres durch die kleinen Luftturbulenzen entsteht.

Wie anhand der Wellenform und des darin enthaltenen Verteilungsmusters der angesprochenen Teilchen die Schwimmrichtung zu erkennen ist, so erscheint es durchaus möglich, dass der Hund anhand des Verteilungsmusters der Geruchspartikel die Richtung zu „erriechen" vermag.

Untersuchungen haben nachgewiesen, dass auch der Mensch angesichts zweier Nasenlöcher befähigt ist, festzustellen, aus welcher Richtung ein bestimmter Geruch kommt. So wird der Hund sich erst recht an einem so beschriebenen Muster mit seiner Nase orientieren können. Interessant ist in dem Zusammenhang, dass der Hund zur Richtungsbestimmung zunächst einmal in der Fläche nach beiden Seiten sucht,

Wellenbild mit ... und ohne Ente

seine Orientierungsmerkmale analysiert und schließlich der erkannten Fluchtrichtung folgt.

Je rauer der Bewuchs um die Fährte, desto einfacher ist auch die Richtungsbestimmung und je „aufgeräumter", desto schwieriger. Je älter eine Fährte, desto schwieriger wird die Richtungsbestimmung, so ist zu beobachten, weil die Musterausprägung mit der Zeit zunehmend verblasst bzw. verwischt.

Diese Hypothese von JEANNENEY hat etwas Bestechendes. Zu ihrer wissenschaftlichen Bestätigung wie auch der aller anderen Annahmen bedarf es allerdings noch entsprechender Forschung. Unbestritten bleibt, dass der Geruchssinn des Hundes eine für den Menschen nicht nachzuvollziehende Dimension umfasst. Er ist aus menschlicher Sicht schlicht fantastisch.

Künstliche Fährten sind jedenfalls nur in diejenige Richtung zu legen, in welche sie gearbeitet werden sollen.

Die Handhabung des Schweißriemens

Es muss immer wieder daran erinnert werden: *Voraussetzung* für die anspruchsvolle Ausbildung zur Riemenarbeit ist die *ausgeprägte Motivation des Hundes!*

Auf die Art und Weise der Führung am langen Riemen kommt es an, darin liegt ein entscheidender Schlüssel zum Erfolg. Im Rahmen dieses Konzepts sollten alle Teilaspekte der beschriebenen Führungstechnik befolgt werden. Dann wird Ratlosigkeit im konkreten Einzelfalle vermieden bzw. minimiert. Das Scheitern bei der Schweißarbeit liegt in den wenigsten Fällen am Hund, sondern zumeist daran, dass der Führer seine Aufgabe nicht hinreichend souverän nach verinnerlichtem Führungskonzept erfüllt.

Der Schweißriemen bleibt lang!

Bei der Handhabung des Schweißriemens muss ein wesentlicher Grundsatz beherzigt werden:

Der Schweißriemen bleibt während der gesamten Fährtenarbeit lang!

Das betrifft insbesondere den nachschleifenden Rest des Riemens, der dem Hund aktuell nicht gegeben ist. Aus Nervosität, Verunsicherung und anderen Befindlichkeiten hält der Führer den Riemenrest oft als Schlaufen-Wirrwarr in der Hand. Die Folge sind hemmende Ver-

Der Schweißriemen bleibt immer lang! Links ist es falsch, rechts richtig!

wicklungen im Gelände und die Reduzierung der Funktion des Schweißriemens als „Kommunikationsleitung" zwischen Führer und Hund.

Der Führer muss in jedem Augenblick, je nach Situation, sowohl am Riemen vorgreifen als auch mehr Riemen geben oder die gegebene Länge halten können. Das alles soll mit Gefühl und unter möglichst steter Riemenspannung zwischen Führer und Hund geschehen. Hinderliche Schlaufen müssen bei der Riemenführung daher vermieden werden.

Der Schweißriemen wird in den Führerhänden wie über eine „*schleifende Kupplung*" geführt; das erfordert Konzentration und Einfühlungsvermögen. Je nach Situation kann die vordere „Führhand" nachgeben, reinholen oder festhalten, wobei die andere Hand entsprechend unterstützt.

Riemenspannung

Die genannte *Riemenspannung* zwischen Führer und Hund gehört zur erfolgreichen Führungstechnik. Sie kann natürlich nicht während der ganzen Riemenarbeit aufrecht gehalten werden. Insbesondere beim Bögeln des Hundes, d. h. beim Bogenschlagen zum Wiederfinden der Fährte, entstehen Unterbrechungen. Aber gerade in einer solchen Situation führt das rasche Vorgreifen am

>INFO

Riemenspannung fördert Konzentration

Die Behauptung mancher Kritiker, fortgesetzte Riemenspannung führe zu schlechter Konzentration, Oberflächlichkeit und schädlicher Hast beim Hund, kann keineswegs bestätigt werden. Vielmehr ist die langsamste, verhaltene Gangart bei anhaltend konzentrierter Verhaltensweise ein zentrales Ausbildungsziel. Im Gegenteil, durch die Riemenspannung wird die Konzentration unterstützt! Wie schnell und vor allem wie langsam der Hund schließlich geht, liegt allein am Verhalten des Führers, vor allem an seiner Handhabung des Schweißriemens im vorgenannten Sinne.

Riemen bis zur Wiederherstellung der Spannung zur Verständigung mit dem Hund, woraufhin er die wahrgenommene Fährte sogleich wieder konzentriert annimmt. Der über längere Zeit durchhängende oder gar vom Führer fallen gelassene Schweißriemen, von manchem gelobt, ist kontraproduktiv.

Erinnert sei daran, dass der Führer den Fährtenverlauf anhand sauberer Markierung genau kontrollieren kann. Sobald der Hund vom Fährtenverlauf abkommt, bleibt der Führer stehen und sorgt für Riemenspannung. Der Hund wird umgehend wieder den Anschluss suchen. Über die „schleifende Kupplung" wird er dabei durch das Hereinholen bzw. Nachgeben des Riemens unterstützt. Wenn er den Fortgang gefunden und über einige Meter gearbeitet hat, folgt der Führer wieder verhalten. Es ist peinlich darauf zu achten, dass auf der Fährte nicht nur gelaufen, sondern *„jeder Meter" gearbeitet* wird. Die einfühlsam angewandte Riemenspannung ist dabei ein hervorragendes Mittel.

Vorausschauende Schweißriemenführung

Es ist wohl längst deutlich geworden, dass sich Schweißarbeit beim Hundeführer nicht auf ein anspruchsloses Hinterherlaufen beschränkt, sondern seine Funktion im Gespann einen entscheidenden Stellenwert hat. Seine Konzentration ist im Grunde nicht weniger gefordert als die des Hundes.

Unter Riemenspannung wird schon der Junghund geführt.

Dazu gehört auch das *vorausschauende Führen des Schweißriemens*, wenn bestimmte Hindernisse die Kommunikation mit dem Hund gefährden. Ist beispielsweise der Hund vom Fährtenverlauf so weit abgekommen, dass der Riemen wenige Meter links oder rechts der Fährte um ein Hindernis (z. B. Baum) geleitet wurde, bewegt sich der Führer dennoch auf und in Richtung der Fährte, lässt im geeigneten Augenblick den Riemen fallen und greift ihn jenseits des Hindernisses rasch wieder auf. Denn jede Bewegung des Führers zur Seite veranlasst auch den lernenden Hund, die Fährte zu verlassen.

Im Übrigen muss die Konzentration des Führers ununterbrochen dem Hund gelten und darf nicht einem „Kampf mit

Wenn der Schweißriemen um einen Baum läuft, bleibt der Führer auf der Fährte.

Hat der Hund den Anschluss gefunden, lässt der Führer den Riemen fallen und greift dessen vorderen Teil wieder auf.

dem Schweißriemen" geopfert werden. Die Handhabung des Schweißriemens erfolgt sozusagen nebenher.

Kommunikation zwischen Führer und Hund

An anderer Stelle (s. Seite 18 f.) ist bereits angesprochen worden, dass die anspruchsvolle Schweißarbeit nur aus der Harmonie zwischen Führer und Hund entwickelt werden kann. Das wechselseitige gute Verstehen ist eine wesentliche Grundlage des Erfolgs.

Dabei ist die Theorie freilich einfacher als die Umsetzung. Die von der einen Seite ausgesandten Signale – in welcher Form auch immer – müssen auf der anderen Seite richtig empfangen werden können. Das gelingt schon zwischen Menschen nicht immer reibungslos und ist natürlich zwischen zwei unterschiedlichen Wesen nicht einfacher. Von entscheidender Bedeutung ist, dass der Führer sich in das andere Wesen Hund „hineinfühlen" kann.

Der Schweißriemen – die „verlängerte Führerhand"

Wie oben bereits angeklungen, wird bei diesem Ausbildungskonzept der Schweißriemen bei steter, mehr oder weniger straffer Spannung zum Hund gehandhabt. Es mag der Gedanke aufkommen, dass der gestraffte oder leicht angespannte Riemen das Einfühlen nicht oder nur sehr begrenzt zulässt. Deshalb sei erklärend betont, dass die Verständigung, je nach Situation, im Nachgeben einerseits und (verhaltenen) Bremsen andererseits liegt. Insofern muss der Schweißriemen in den Führerhänden ständig mehr oder weniger hin- und hergleiten, wie gesagt über die „schlei-

Der Schweißriemen muss die „verlängerte Hand" des Führers sein.

fende Kupplung". Er darf weder plötzlich uneingeschränkt freigegeben noch ruckartig festgehalten werden. Und unter gar keinen Umständen darf der Hund den Schweißriemen je als Strafmittel erfahren!

Der Schweißriemen ist das Verständigungsmittel zwischen Führer und Hund, sozusagen „die verlängerte Hand des Führers", die den Zögling einfühlsam leitet.

Die Führerbefindlichkeit überträgt sich auf den Hund!

Die außerordentliche Fähigkeit des Hundes, die Stimmungslage seines führenden Partners sicher zu erkennen (s. Seite 19), ist ein wesentlicher, wenngleich ziemlich einseitig gerichteter Teil der Verständigung. Dessen sollte sich der Führer immer bewusst sein und sich entsprechend in Selbstbeherrschung üben. *Gelassenheit* einerseits und *Vorwärtsdrang* zur „Beute" andererseits muss er wirklich leben. Das ist ein wichtiges Signal seinerseits an den Hund, zugleich als motivierendes Vorbild im Sinne der Aufgabenerfüllung.

Verbale Kommunikation

Die vom Führer ausgehende *verbale Kommunikation* wird sehr sparsam, möglichst leise und immer bedacht geführt. Bedacht insofern, als lobender Zuspruch nur erfolgt, wenn der Hund nach dem Abkommen von der Fährte den Anschluss wiederfindet. Und genauso ist Tadel für den Hund nur bei eindeutig zielwidrigem Verhalten angezeigt.

Dabei muss der Führer die jeweilige Situation immer eindeutig erkennen! Ist das nicht der Fall, hält er besser den Mund, beispielsweise wenn der Hund nach dem Abkommen zwar wieder auf der Fährte ist, aber nicht eindeutig erkennen lässt, dass er sie mit der Nase registriert. Es sollen niemals viele Worte fallen. Für Lob genügt das leise, verhaltene und freudeunterlegte „So recht, Verwund't" oder nur „Verwund't", für den Tadel ein kurzes, scharfes „Äh!" oder „Nein!". Die Wortwahl muss der Situation entsprechend immer gleich sein und sie muss dem Anlass unmittelbar, darf nicht erst Sekunden später folgen.

Betont langsam wird Schweißriemen abgedockt.

Ist dem Hund die Halsung angelegt, wird der Riemen in ganzer Länge ausgeworfen.

Den Hund richtig „lesen“

Während der Hund aufgrund seines fantastischen Geruchsinns und als exzellenter Bewegungsseher die Befindlichkeit seines Führers rasch erkennt, ist es für diesen erheblich schwieriger, bei seinem Hund richtig einzuschätzen, was ihn aktuell bewegt, was er wirklich tut. Den Hund aufgrund seiner Körpersprache *richtig zu „lesen“* ist eine wichtige Voraussetzung anspruchsvoller Zusammenarbeit. Der Weg dahin führt über konzentriertes Beobachten, feines Registrieren und Einfühlen.

Auch das im Verlauf der Fährtenarbeit eingeübte *Ablegen* (s. u. unter Führungstechnik) dient der Verständigung, wenn es erfolgt, weil der Hund in seiner Konzentration strapaziert ist. Sehr schnell kapiert er, dass es nach eingetretener Erholung weitergeht. Das gegenseitige Verstehen kann im fortgeschrittenen Ausbildungsstadium dazu führen, dass der Hund von sich aus die Erholungspause „erbittet“, d. h. sich ohne Aufforderung hinlegt, um nach wenigen Minuten dann die Arbeit wieder aufzunehmen.

Führungstechnik und Ausbildungsschritte im Detail

Die Fährten werden zuerst so hergestellt und angeboten, dass sie für den Hund bei möglichst ablenkungsfreiem Umfeld mit der Nase mühelos wahrzunehmen sind. Das bedeutet:

- geringe Länge der Fährte,
- reichlich Schweiß bzw. relativ großes Schleppstück,
- kurze Stehzeit der Fährte (ca. drei Stunden),
- keine Verleitfährten durch Wild oder andere Ablenkungen für den Hund.

Abgesehen davon, dass die objektive Riechfähigkeit des Hundes in der Regel ohnehin unterschätzt wird, geht es zunächst nur darum, mit ihm gleich zu Beginn der Ausbildung einen zielführenden Arbeitsstil und die dazugehörige Verständigung mit dem Führer einzuüben.

Am Anschuss

Die Sorgfalt beginnt am Anschuss! Der Hund wird vor der Riemenarbeit stets *wenige Meter neben* dem „Anschuss" *abgelegt*. Der Führer dockt

1. betont langsam den Schweißriemen ab, legt
2. dem Hund die Schweißhalsung um, wirft
3. den Riemen zu ganzer Länge aus und geht dann
4. ruhig zum Anschuss, positioniert sich dort nahe am Boden in Blickkontakt zum Hund.

Er „*untersucht*" den „Anschuss" eingehend. Dabei berührt er den Anschuss mit leichter Handbewegung und spricht bei den ersten Malen wenig und leise mit dem Hund, um dessen Aufmerksamkeit auf diese Stelle zu lenken. Sehr bald bedarf es dabei keiner verbalen Kommunikation mehr.

Der Hund hat in jedem Falle an seinem Platz zu bleiben.

Das Ganze lässt sich durchaus als Ritual bezeichnen und hat seinen tiefen Sinn sowohl für die Ausbildung des Hundes als auch für die Nachsuchenpraxis.

„Anschussuntersuchung" mit Blickkontakt zum Hund

So lernt der Hund, sich auf die bevorstehende Arbeit einzustellen, einerseits in freudiger Erwartung, andererseits beherrscht! In der Praxis kann die Suche und Untersuchung des Anschusses relativ lange dauern, währenddessen der Hund nicht stören darf, sich vielmehr an seinem Platz abwartend verhalten muss.

Abholen und Ansetzen

Nach Beendigung der Anschussuntersuchung wird der Hund nicht etwa herangerufen, sondern immer von seinem Platz abgeholt. Die eine Hand fasst den Schweißriemen nahe hinter der Halsung, die andere deutet auf den Anschuss. Dort wird *dem Hund viel Zeit gelassen*, sich den interessanten Düften zu widmen, bis er den Fortgang der Fährte eindeutig gefunden hat und ihr folgen will. Erst dann „bekommt er Riemen“, während der Führer zunächst noch stehen bleibt. Wenn der Hund „den roten Faden“ eindeutig aufgenommen hat, folgt der Führer am etwa fünf bis acht Meter lang ausgelaufenen Riemen in verhaltener, *langsamer* Gangart.

Häufig ist zu beobachten, dass der Führer – kaum hat der Hund mit wenigen Schritten die Fährtenrichtung angenommen – viel zu früh folgt. Bei jeder gefundenen Spur oder Fährte braucht der Hund hinreichend Zeit zur Orientierung. Aus der Fülle olfaktorischer Eindrücke muss er zunächst die Leitgerüche der Fährte identifizieren und dann die Fährtenrichtung erkennen, um ihr schließlich selbstsicher folgen zu können. Keine Oberflächlichkeit, sondern *penible Sorgfalt* soll von Anfang an die Fährtenarbeit bestimmen. Die Forderung nach Sorgfalt schließt den Führer ein!

Kurz über der Halsung gefasst, wird der Hund abgeholt und angesetzt.

Erst wenn der Hund den „roten Faden“ ca. acht Meter gearbeitet hat, folgt der Führer.

Auf der Fährte

Der Führer bestimmt das Tempo

Grundsätzlich ist die Fährte nie so schnell zu arbeiten, wie der Hund es möchte, sondern so langsam, wie der Führer es vorgibt! Dieser Grundsatz muss dem Hund vermittelt werden, ohne seine Motivation und Konzentration zu beeinträchtigen.

Ausgeprägt arbeitswillige Hunde wird man nicht gleich bei den ersten Übungen zu einer langsamen Gangart erziehen können, aber jede Folgeübung bringt ihn diesem Ziel näher. Jeder Ansatz zu Ungestüm wird über die oben beschriebene Riemenführung („schleifende Kupplung") ausgebremst.

Zudem werden die *Gehorsamsübungen* „Ablegen/Platz!" oder „Halt!", die der Hund zwischenzeitlich außerhalb der Riemenarbeit gelernt hat und die für ihn zur Selbstverständlichkeit geworden sind, unterstützend angewendet. In dem Augenblick, in dem der Hund aus der Gangart Schritt in Trab (oder gar Galopp) wechselt, heißt es konsequent „Platz!". Dann geht der Führer betont langsam zu seinem liegenden Zögling,

- mahnt ihn ggf. zum stillen Liegenbleiben,
- lässt sich reichlich Zeit,
- kniet auf der Fährte nieder und „untersucht" dort wieder wie am Anschuss und
- setzt den Hund wie oben beschrieben erneut an.

Diese Übung kann auf einer Fährte mehrmals und ggf. in kurzen Zeitabständen erfolgen, wenn der Hund erneut zu stürmisch wird.

Der Hund lernt so, dass sein Heil im Schritttempo liegt. Ist dieser Lernerfolg eindeutig eingetreten, wird der liegende Hund nach angemessener Pause auch auf Entfernung der gegebenen Riemenlänge durch das leise „Verwund't!" zur Weiterarbeit aufgefordert.

> **›TIPP**
>
> *Es gibt bei der Ausbildung zur Fährtenarbeit kein „zu langsam", solange der Hund sich wirklich bemüht. Nur wenn der Hund gelernt hat, trotz ausgeprägten Vorwärtsdrangs die vom Führer geforderte langsame Gangart zu übernehmen, wird er auch später unter schwierigen Gegebenheiten die Fährte meistern bzw. einen zu entwirrenden „Knoten" relativ rasch lösen können.*

Ablegen auf der Fährte

Das Ablegen des Hundes im Rahmen der Riemenarbeit dient – sowohl während der Ausbildung als auch im Rahmen der praktischen Nachsuchenarbeit –

Auf Entfernung wird der Hund auf der Fährte abgelegt.

Der Führer geht zum Hund und streichelt ihm wortlos über den Kopf.

als ausgezeichnetes Führungsmittel verschiedenen Zwecken, die zum Teil bereits genannt wurden, zum Teil noch angesprochen werden sollen. An dieser Stelle sei ausdrücklich betont, dass der Hund möglichst früh lernen soll, das Ablegen nicht als Disziplinierung, sondern als Teil der Riemenarbeit zu empfinden. Deshalb werden die Übungen recht frühzeitig bewusst bei entspannt-gelassener Atmosphäre während der Riemenarbeit eingelegt.

Der Führer greift nach Befolgung des Befehls am Riemen ruhig bis zum Hund vor, sucht Blickkontakt und streichelt ihm kurz und wortlos den Kopf. Nach einer Pause von etwa einer Minute wird der Hund mit freundlichem „Verwund't!“ aufgefordert, die Fährte wieder aufzunehmen. Da das Ablegen eine Unterbrechung der Fährtenarbeit bedeutet, lässt der Führer dem Hund auch hier bei der Weiterarbeit stets hinreichend Zeit, den Fortgang des „roten Fadens“ wiederzufinden. Er folgt erst dann, wenn der Hund eindeutig die Fährte über fünf bis acht Meter Riemenlänge gearbeitet hat.

Abkommen von der Fährte

Zu Beginn der Ausbildung muss der Hund darauf eingestellt werden, sich eng an der Fährte zu orientieren!

Bewusst wird daher kein großer Raum zum Bogenschlagen gegeben. Vielmehr soll der Hund nach dem Abkommen den Fortgang sofort in der Nähe suchen und finden. Das ausgiebige Bögeln, Vorsuchen, etc. ist späteren Ausbildungsschritten vorbehalten. In Kenntnis des genauen Fährtenverlaufs bleibt der Führer deshalb augenblicklich stehen, sobald der Hund den Nasenkontakt zur

Fährte verliert. Jetzt sind folgende Situationen denkbar:

1. Das tadelnde, kurze „Äh!“ oder „Nein!“ und die leicht verstärkte Riemenspannung veranlassen den Hund in der Regel zur seitlichen Korrektur hin zur eben verlorenen Fährte. Markiert er den Fortgang der Fährte, bekommt er sofort, aber verhalten wieder mehr Riemen, was gleichzeitig von lobendem „Verwund't!“ begleitet wird.

2. Es kann auch der Fall eintreten, dass der Hund aufgrund der Riemenspannung die Suche abbrechen und zurückkommen will. In diesem Falle macht der Führer augenblicklich eine leichte Vorwärtsbewegung und muntert zur Weitersuche auf. Nimmt der Hund die Fährte an, folgt sofort das lobende „Verwund't!“ bei gleichzeitiger Aufnahme des Riemenkontaktes (leichte Riemenspannung).

3. Im dritten Fall bögelt der Hund suchend Richtung Führer. Dann bewegt sich der Führer selbst rückwärts, möglichst unter Aufrechterhaltung der Riemenspannung. Findet der Hund den Fortgang und will er folgen, reagiert der Führer bei nachgebendem, leicht gespanntem Riemen mit lobendem, kurzem „Verwund't!“

Je langsamer die Gangart, desto seltener sind Korrekturen notwendig und desto schneller stellt sich der motivierte Hund auf Sorgfalt, auf das „Kleben“ an der Fährte ein! Ziel ist, dass der Hund konzentriert „bei der Sache bleibt“, sich nach dem Abkommen augenblicklich wieder der verlassenen Fährte zuwendet und korrekt weiterarbeitet.

Haken/Winkel im Fährtenverlauf

Unter Beachtung des entsprechenden Führerverhaltens ist das vorgenannte Ziel nach wenigen Übungen erreicht. Alsdann werden im Fährtenverlauf etwa rechtwinklige Haken eingelegt. Der Hund wird beim ersten Mal den Haken „überschießen“, d. h. die bisherige Richtung beibehalten und zugleich den Nasenkontakt zur Fährte verlieren. Der Führer ist darauf angesichts entsprechender Markierung vorbereitet und verhält sich genauso, wie im vorstehenden Abschnitt beschrieben, d. h. er bleibt stehen.

Kommt der Hund ab (Markierung klar sichtbar), bleibt der Führer stehen …

Am häufigsten sucht (bögelt) der Hund nach dem Überschießen des Hakens auf den Führer zu. Der Führer bewegt sich dann selbst rückwärts und achtet zugleich durch rasches Hereinholen des Riemens auf leichte Riemenspannung. Er muss dem Hunde genügend Zeit lassen, in Ruhe den Anschluss wiederzufinden, möglichst *vor* dem Haken, um dann tüftelnd die Richtungsänderung selbst zu finden.

Bei zunehmendem Ausbildungsfortschritt werden immer mehr Haken eingelegt, in variierenden Abständen von 10 bis 50 m und unter unterschiedlichen Windverhältnissen. Letzteres insofern, als die neue Richtung abwechselnd mal gegen und mal mit dem Wind verläuft. Zugleich wird es dann notwendig, auch die Strecke der Fährte zu verlängern.

Das Einlegen vieler Haken erzieht den Hund in besonderer Weise zur sorgfältigen Arbeit. Nach dem Abbrechen seines Nasenkontaktes zur Fährte wird er sofort wieder den Anschluss suchen. Der Führer, gleichermaßen konzentriert, hilft ihm dabei, indem er situationsgerecht einwirkt.

Riemenfestigkeit – Grundlage der Riemenarbeit

Im Kapitel „Prägung des Welpen" (s. 28 ff.) ist die Riemenfestigkeit bereits angesprochen worden. Aus allerlei Gründen kann die Riemenarbeit mehr oder weniger kurzfristig unterbrochen werden: weil sich der Schweißriemen in Gestrüpp oder an einem Baum verfangen hat und entwirrt werden muss, weil der Hund sich selbst eingewickelt hat und befreit werden muss, weil ein vom Hund verwiesener Punkt vom Führer auf Pirschzeichen untersucht werden soll etc.

In jedem der Fälle darf der Hund sich nicht beirren lassen, soll sich allein auf die Fährte konzentrieren und im angespannten Riemen geduldig warten, bis er weiterarbeiten darf. Alternativ kann er auch abgelegt werden, anstatt längere Zeit im Riemen stehen zu müssen.

›TIPP

Die vorstehend beschriebenen Führungstechniken haben den zusätzlichen, unschätzbaren Vorteil, dass der Führer gleichzeitig und zunehmend besser lernt, die individuelle Körpersprache des Hundes zu interpretieren. Er muss „den Hund lesen" können, insbesondere erkennen, ob der Hund sich wirklich der Rotfährte widmet oder anderen Gerüchen folgt, um darauf weitgehend fehlerfrei reagieren zu können. Darin liegt schließlich der Schlüssel zum Erfolg bei Prüfungen und in der Nachsuchenpraxis.

Trotz festhängendem Riemen lässt sich der Hund in seiner Zielstrebigkeit nicht beirren.

Die Hinführung zur Riemenfestigkeit erfolgt über die sehr langsame Gangart, wobei der Führer – unerwartet für den Hund – stehen bleibt, während der Hund sich eindeutig auf die Fährte konzentriert und weiterarbeiten möchte. Mancher Hund wird dann ungeduldig zur Seite ausbrechen oder zurückkommen wollen. Solche Verhaltensweisen werden im Ansatz unterbunden, indem der Führer augenblicklich bei leichter Vorwärtsbewegung über die „schleifende Kupplung" wieder etwas Riemen gibt.

Der Vorgang wird häufig wiederholt. Der wesensstabile Hund lernt so sehr rasch, geduldig an der Stelle zu bleiben, an der er angehalten wurde. Die Zeitspanne der „Pausen" wird kontinuierlich verlängert.

Die Riemenfestigkeit kann darüber hinaus auch im Rahmen anderer Ausbildungsgänge, z. B. bei der Einarbeitung auf der Hasenspur und/oder Wildschleppe am langen Riemen, vermittelt und geübt werden.

Pausen bei Konzentrationsverlust

Es ist für den vielseitigen Jagdgebrauchshund zunächst nicht selbstverständlich, sich über lange Fährtenstrecken ununterbrochen auf seine Arbeit zu konzentrieren. Wenn dann noch nennenswerte Erschwernisse, wie Verleitungsfährten, lange Stehzeiten, geringe Schweißmengen o. Ä. hinzukommen (Näheres s. Seite 79 ff.), steigen die Anforderungen an die Konzentration erheblich.

Mittels der „Schnüffelatmung" versucht der Hund, aus den relativ geringen bzw. mit Ablenkungen (z. B. Verleitungsfährten) durchmischten Duftpartikeln Informationen zum Fährtenverlauf herauszufiltern. Dabei wird der überwiegende Teil der Luft im sogenannten Totraum der Atemwege (Nasen- und Rachenraum, Luftröhre, Bronchien) lediglich auf und ab bewegt, sodass ein ausreichender Gasaustausch innerhalb der Lunge nicht stattfindet. Die Oberflächlichkeit dieser Atmung hat somit eine verminderte Sauerstoffsättigung und vermehrte Kohlendioxydanreicherung des Blutes zur Folge und damit eine verminderte Belastbarkeit des gesamten Organismus. Gesteigerte Herzfrequenz [27] und Konzentrationsminderung sind Hinweise auf diese „Negativbilanz".

Starkes Hecheln ist mit Konzentrationsverlust verbunden. Jetzt ist „Ablegen" nötig.

In der Praxis ist dieser Zustand zu erkennen an dem zunehmend unkonzentrierten Arbeiten des Hundes, verbunden mit Hechelatmung. Spätestens dann ist es an der Zeit, eine Pause einzulegen, die das Tier durch vertiefte Atmung neue Kraft schöpfen lässt. Am wirksamsten ist dazu das Ablegen, das dem Hund von der Riemenarbeit her vertraut ist (s. Seite 65 f.). Nach deutlich ruhigerer Atmung wird er dann erneut zur Fährte gelegt.

Wenn der Hund konsequent abgelegt wird, und sei es nur für fünf Minuten, wird er diese Erfahrung zunehmend verinnerlichen. Das kann so weit gehen, dass er sich aus eigenem Antrieb hinlegt, um etwa zum Ausdruck zu bringen: „Chef, wir brauchen eine Pause!" Nach dieser Pause genügt vom anderen Riemenende ein leises, freundliches „Verwund't!", damit er die Fährte selbstständig und motiviert wieder aufnimmt.

Im Übrigen lernt der Hund im Verlauf der Ausbildung „ökonomischer", d. h. häufiger tief durchzuatmen, mehr Sauerstoff aufzunehmen und dadurch sein Konzentrationsvermögen auf hohem Niveau zu halten. So versetzt er sich selbst in die Lage, weitere Strecken oder knifflige Situationen ohne größeren Konzentrationsverlust zu bewältigen.

Die Verharr-Methode

Dem für die Riemenarbeit motivierten Hund können über die Ausbildung weitergehende Verhaltensweisen in bestimmten Situationen vermittelt werden, die die Verständigung zwischen Führer und Hund erheblich erleichtern:

Mit der Verharr-Methode soll der Hund ein Grundverhalten erlernen, aus dem der Führer zuverlässig erkennt, ob sich der Hund auf der richtigen Fährte befindet – und dann im Riemen hängend und nach vorn gerichtet stehen bleibt, nämlich „verharrt“ – oder aber den Anschluss verloren hat – und sofort seitlich und rückwärtig weitersucht.

Die oben angesprochene Riemenfestigkeit (s. Seite 68 f.) ist für diesen Teil der Ausbildung Grundvoraussetzung, der Grundgehorsam (s. Seite 50 f.) eine wertvolle Hilfe. Die Verharr-Methode ist nachweislich bei allen Jagdhunderassen anwendbar, vom Teckel über den Vorstehhund bis zum Hannoverschen Schweißhund, soweit der Hund die angebotene Fährte mit ausgeprägter Arbeitsfreude annimmt.

Ausbildung Schritt für Schritt

Die fünf Abschnitte der Ausbildung des Hundes zum „Verharren“ sind sorgfältig zu berücksichtigen und sollen nachfolgend erläutert werden:

1. Bisherige Ausbildung
Der erste Abschnitt beinhaltet den Ausbildungsweg über

- die *Motivation*,
- die *langsamste Gangart*,
- die *Riemenfestigkeit* und
- den *selbstverständlichen Grundgehorsam*.

Diese vier Voraussetzungen wurden in vorstehenden Abschnitten eingehend behandelt, weshalb an dieser Stelle nur auf den Zusammenhang hinzuweisen ist. Ein weiteres Mal aber sei hier betont, dass die „Prägung“ des Welpen (s. Seite 28 ff.) auf Motivation, langsame Gangart und Riemenfestigkeit optimale Voraussetzungen schafft! Dennoch kann die Verharr-Methode auch beim Jährling noch erfolgreich angewendet werden. Unabdingbar bleibt, dass dem Führer der genaue Fährtenverlauf bekannt ist.

2. „Verharren“ auf der Fährte

Das „Verharren“ auf der Fährte knüpft an die Übungen zur Riemenfestigkeit unmittelbar an. Voraussetzung ist hierbei, dass der Hund *auf der Fährte* angehalten wird, während er diese ganz eindeutig wahrnimmt und ihr motiviert folgen will!

Achtung: Hier ist also eine andere Situation gegeben als bei dem auf Seite

Der Hund „hängt" im Riemen.

Der Führer bleibt aus langsamer Gangart stehen – der Hund „verharrt".

66 beschriebenen Stehenbleiben des Führers, wenn der Hund von der Fährte abkommt!

Aus der betont langsamen Gangart bleibt der Führer plötzlich stehen und hält zugleich den Hund an. Im günstigen Fall „verharrt" auch der *Hund* relativ *unbeeindruckt*, sodass ihm nach wenigen Sekunden unter lobendem „Verwund't!" über die „schleifende Kupplung" wieder Riemen gegeben und der Vorgang nach ca. 20 m wiederholt wird. „Verharrt" der Hund erneut, reagiert der Führer nach kurzer Zeit wie vor. Nach weiteren Wiederholungen werden dem Hund einige Sekunden mehr in der Stoppstellung zugemutet, zugleich greift der Führer am Riemen langsam einige Meter vor und lässt ihn dann wieder langsam ablaufen, sodass der Hund wie gewohnt weiterarbeiten darf – usw.

Im anderen Fall will der *Hund ungeduldig* seitlich ausbrechen. Dann reagiert der Führer mit einem tadelnden „Äh!", das der Hund bereits kennt, sodass er zurück zur Fährte geht, dort augenblicklich über die „schleifende Kupplung" etwas Riemen bekommt und nach wenigen Schritten erneut angehalten wird. In der Regel bedarf es nur weniger Wiederholungen, bis es klappt und zu längeren „Verharr-Zeiten" wie im ersten Fall übergegangen werden kann.

Im dritten Fall reagiert der *Hund verunsichert* und will zurückkommen. Blitzschnell und dennoch gelassen reagiert der Führer, indem er dem Hund entgegengeht und ihn mit freundlichem „Verwund't!" zur Weiterarbeit auffordert. Nimmt der Hund die Fährte wieder auf, folgt ihm der Führer sehr langsam, um nach wenigen Schritten die Übung zu

Festigung des Verharr-Verhaltens: Der Führer greift am Riemen zum verharrenden Hund vor.

wiederholen, bis der Hund schließlich verstanden hat und „verharrt".

Zwischen den drei beschriebenen Verhaltensweisen gibt es Übergänge. Der Leser dürfte zwischenzeitlich aber hinreichend Anregungen bekommen haben, auf alle Reaktionen des Hundes die richtige Antwort zu geben. Der Zeitabstand von diesem Ausbildungsfortschritt bis zum einfachen „Verharren" auf der Fährte liegt in allen Fällen nicht weit auseinander. Abgesehen von den unter Ausbildungsabschnitt 1 genannten Voraussetzungen beim Hund hängt er schließlich von der reaktionsschnellen, konzentrierten und einfühlsamen Einwirkung des Führers ab.

Kommt der Hund dem „Verharren" auf der Fährte nach, muss dieses Verhalten gefestigt werden. Ab jetzt wird es bei allen folgenden Übungsfährten wiederholt eingefordert, sowohl nur vorübergehend kurz als auch während längerer Zeit (zehn Sekunden und mehr). Wenn der Führer zwischenzeitlich auch am Riemen bis zum „verharrenden" Hund vorgreift, unaufgeregt seinen Rücken streichelt und dann wieder langsam Riemen für die Weiterarbeit gibt, wird die Verständigung deutlich sicherer.

3. „Verharren" nach Wiederfinden der Fährte

Alsdann werden die Ansprüche an die Fährtenarbeit hinsichtlich Fährtenalter (Stehzeit), Länge, Schweißmenge und Unterbrechung der Duftlinie erhöht (Näheres s. Seite 79 ff.). Die Fährte liegt aber nach wie vor in möglichst verleitungsfreiem Gelände und ist für den Führer weiterhin sorgfältig gekennzeichnet.

Jetzt kommt es darauf an, dass der Hund nach dem Abkommen von der Fährte beim Wiederfinden „verharrt", um dem Führer zu signalisieren: „Ich hab' sie wieder".

Wenn der Hund die Fährte verliert, bleibt der Führer, wie auf Seite 66 beschrieben, augenblicklich stehen. Der Hund wird seitlich den Anschluss suchen. Hat er ihn gefunden, folgt der Führer aber *nicht*, sondern bleibt weiterhin stehen und gibt zunächst lediglich einige Schrittlängen Riemen, um den Hund dann „verharren" zu lassen. Bei weiteren

Übungen wird das Riemengeben verkürzt, bis der Hund schließlich unmittelbar beim Wiederfinden „verharrt".

Im Verlauf dieses Ausbildungsabschnittes kommt es zuweilen vor, dass der Hund auch ohne Fährtenkontakt „verharrt", dass er „lügt", nur weil der Führer ihn bremst. Dann folgt sofort das tadelnde „Äh!", sodass der Hund sich weiter um den Anschluss bemüht. Das „Verharren" ohne Nasenkontakt zur Fährte darf unter keinen Umständen geduldet werden! Ist die Fährte wiedergefunden, folgt umso ausdrücklicher das lobende „Verwund't – sooo recht!".

Das „Lügen" kann seine Ursache auch in der nachlassenden Konzentration des Hundes haben. Da kommt das erlernte Ablegen auf der Fährte zur Hilfe, das eine Erholungspause zum Schöpfen neuer Kraft gibt.

Das wichtige Ziel dieses Ausbildungsabschnittes liegt darin, die eindeutig unterschiedlichen Verhaltensweisen des Hundes zu vermitteln, wenn der Führer stehen bleibt, dass er nämlich

- *weitersucht*, solange sein Nasenkontakt zur Ansatzfährte fehlt oder
- *„verharrt"*, wenn er die Ansatzfährte wiedergefunden hat.

Die individuelle, begleitende Körpersprache der Hunde beim „Verharren" ist recht unterschiedlich. Der eine bleibt beispielsweise nahezu bewegungslos und stur nach vorn gerichtet, der nächste wedelt langsam mit der Rute, der dritte lässt die Rute vibrieren und wieder einer blickt „fragend" zum Führer zurück usw. Kombinationen solcher Ausdrucksweisen kommen hinzu.

In jedem Falle wird der Führer seine innere Freude haben, wenn er *seinen* Hund in dessen Verharr-Manier immer wieder erlebt. Die dadurch ausgelöste Übertragung der positiven Befindlichkeit des Führers auf den Hund (s. Seite 18 ff.) ist für diese spezielle Verständigung außerordentlich förderlich.

4. „Verharren" bei Verleitungen

Der Hund darf allein auf der Ansatzfährte „verharren"! Andere Fährten (Verleitungsfährten) kann bzw. muss er dennoch untersuchen, um aus der Fülle der Gerüche die Ansatzfährte herauszufiltern. Verständlicherweise gewinnt zuweilen die Verlockung die Oberhand, z. B. einer frischen Rehfährte zu folgen und auf dieser ggf. auch zu „verharren". Dieses Fehlverhalten, diese Hürde muss überwunden werden.

Zur besseren Kontrolle wird mit einer künstlichen Verleitungsfährte begonnen. So kreuzt eine frisch gezogene Kaninchenschleppe – oder eine andere für den Hund attraktive Fährte – an gekennzeichneter Stelle die Ansatzfährte. Der Hund wird die Verleitung interessiert untersuchen wollen, was der Führer ihm auch gewährt. Will der Hund aber folgen, bleibt der Führer stehen.

Wendet der Hund daraufhin zur Ansatzfährte und „verharrt“ dort, reagiert der Führer mit einem lobendem „Verwund't!“, gibt für die Weiterarbeit wieder Riemen nach und folgt selbst, wenn der Fortgang der Ansatzfährte vom Hund sicher aufgenommen ist.

In vielen Fällen aber wird der Hund zunächst auf der Verleitungsfährte „verharren“. Dann wirkt der Führer augenblicklich mit dem tadelnden „Äh!“ ein, um den Hund zur Umkehr zur Ansatzfährte zu veranlassen. Falls der Hund auf die Mahnung nicht entsprechend reagiert – was gar nicht so selten vorkommt –, ist sogar die scharfe Disziplinierung mit „Halt!“, die dem Hund aus der Grundausbildung geläufig ist, angebracht. Das Fundament des bisher Gelernten lässt diese Maßnahme zu, ohne dass beim Hund Motivationsverluste oder Fehlverknüpfungen entstehen!

Nach einigen Sekunden zieht der Führer, 10 bis 15 Meter rückwärtsgehend, den Hund aus der Halt-Lage von der Verleitung ab und fordert ihn zum Wiederfinden der Ansatzfährte vor der Kreuzung mit der Verleitungsfährte auf. Das Verharren auf der Ansatzfährte wird augenblicklich mit lobendem „Verwund't!“ quittiert.

Lässt der Hund nicht von einer Verleitung ab, kann auch eine härtere Disziplinierung wie hier ein „Halt!“ angebracht sein.

Zuweilen bedarf es mehrerer Wiederholungen, bis der Hund verstanden hat, dass allein der Ansatzfährte das zentrale Interesse gilt. Nach mehr oder weniger langer Untersuchungsdauer wird der Hund dann wieder die Ansatzfährte suchen, finden und dort auf Veranlassung des Führers „verharren“.

Um das „Verharren“ auf allein der Ansatzfährte zu festigen, werden weitere Übungsfährten mehrfach von Verleitungsfährten gekreuzt. Nach einwandfreiem Verhalten bei künstlichen Verleitungsfährten folgen Übungen in Revierteilen mit natürlichen Verleitungen (vor allem durch Schalenwild). So lernt der Hund, auch angesichts vielfältiger Verleitungsfährten allein auf der Ansatzfährte zu „verharren“, wenn der Führer stehen bleibt.

5. Zu sicherer Verständigung

Das Stehenbleiben des Führers ist quasi die Frage an den Hund, ob er sich auf der Ansatzfährte befindet. Die Antwort des „verharrenden“ Hundes bedeutet „ja, ich bin auf der richtigen Fährte“, sein Weitersuchen hingegen „nein, ich habe den Anschluss verloren“. Je häufiger der Führer während der Riemenarbeit „fragt“, desto enger bleibt das Gespann in Fährtennähe. Häufige Unterbrechungen mit längeren Verweildauern können aber zulasten der Konzentrationsfähigkeit des Hundes gehen.

Deshalb geht der Führer dazu über, einerseits relativ kurz hintereinander immer wieder die „Frage“ zu stellen, in der Regel aber die Dauer des „Verharrens“ auf zwei bis drei Sekunden zu beschränken, sodass es der Hund einerseits kaum als Arbeitsunterbrechung empfindet, andererseits seine Konzentration nicht zusätzlich strapaziert wird. Im Gegenteil, die Konzentration bleibt vielmehr auf hohem Niveau.

Das Abfragen erfolgt im Rahmen der

Der Hund schaut beim „Befragen“ zum Führer zurück.

Riemenführung sozusagen nebenher, für den Außenstehenden kaum erkennbar.

Je höher der Schwierigkeitsgrad einer Fährtenarbeit ist, desto mehr wird natürlich die Konzentrationsfähigkeit des Hundes gefordert. Es ist eine der wichtigen Aufgaben des Führers, dem Hund aufkommende Konzentrationsmängel rechtzeitig anzusehen. Wenn er diese übergeht, kann es zum „leeren Verharren" des Hundes kommen. Das darf nicht geduldet werden, weshalb der Führer darauf wie in Ausbildungsabschnitt 4 beschrieben reagiert. Dann aber unterbricht er bald danach die Arbeit und lässt dem Hund eine Erholungspause durch Ablegen.

Auch muss der Hund lernen, „Missverständnisse zu verkraften". Wenn der Führer aufgrund einer Fehlinterpretation fehlerhaft auf den Hund einwirkt, soll dieser nicht gleich verunsichert werden, sondern „korrigierend antworten". So ruft der Führer dem richtig „verharrenden" Hund vorwurfsvoll mahnend zu: „Ist das verwund't?!"

Der eine Hund bleibt gelassen und selbstsicher stehen, schaut sich eventuell um, als wolle er (vermenschlichend) sagen: „Du spinnst wohl". Der Führer streckt die Verweildauer noch etwas und gibt dann unter lobendem „Verwund't!" nach.

Falls der Hund jedoch verunsichert wird und zur Seite oder gar rückwärtig weitersuchen will, reagiert der Führer augenblicklich entgegengesetzt wie in Ausbildungsabschnitt 2, gibt wieder Riemen unter freundlichem „Verwund't!". Auch dieser Hund wird nach wenigen Übungen bei „ungerechtfertigten Mahnungen" des Führers an der Stelle bleiben und „verharren".

Ein wertvolles Verständigungssystem

Sind alle fünf Ausbildungsabschnitte der Verharr-Methode sorgfältig umgesetzt, verfügt das Gespann über ein Verständigungssystem, welches außerordentlich wertvoll ist, sowohl für Prüfungen wie für die Praxis der Nachsuche. Es kommt außerhalb der allgemeinen Riemenarbeit bei der Überbrückung unterbrochener Schweißfährten (Seite 83), beim Verweisen von Pirschzeichen (Seite 84 f.) und bei der Vorsuche (Seite 90 ff.) besonders zum Tragen.

Es versteht sich von selbst, dass die Führungstechnik der Verharr-Methode auch beim Übergang in die Praxis nicht vernachlässigt wird. Das beginnt mit den ersten Totsuchen (s. S. 104) als Eingang in die Nachsuchenpraxis. Dabei wird der Hund immer zu einer sehr langsamen beherrschten Gangart und wiederholt zu konsequentem „Verharren" angehalten. Alle folgenden Nachsuchen profitieren von diesen Führungstechnik.

Schritt für Schritt zu höheren Ansprüchen

Erschwerende Fährtengestaltung

Einige Erschwernisse bei der Riemenarbeit wurden im Zusammenhang mit der „Verharr-Methode" bereits angesprochen. Werden nun die Ansprüche weiter gesteigert, gilt wie bei jeder Jagdhundeausbildung der Grundsatz, systematisch, Schritt für Schritt, voranzugehen; mit der nächsten Stufe wird erst dann begonnen, wenn der Hund die vorherige beherrscht.

Weiterhin gelten folgende Bedingungen vor und während einer jeden Übung:

- Der Hund ist hungrig und erlebt das eindrucksvolle Fährtenende, die Quelle seiner Motivation.
- Der Führer weiß um den genauen Fährtenverlauf.
- Der Führer arbeitet stets ohne Zeitdruck und achtet auf langsamste Gangart, wobei „jeder Meter zu arbeiten" ist.
- Die Riemenfestigkeit im Allgemeinen und das „Verharren" im Besonderen werden gepflegt.
- Im Falle deutlicher Konzentrationsschwäche wird die Arbeit durch Ablegen unterbrochen.

Stehzeiten

Angesichts der bestehenden Prüfungsbedingungen für künstliche Schweißfährten ist die Anforderung an den Geruchsinn des Hundes – auch bei längeren Stehzeiten – nicht besonders hoch. Mit zunehmendem Alter der Fährte wird zwar deren Geruchsintensität verändert, das allein bereitet dem Hund noch keine nennenswerten Schwierigkeiten. Er muss diese lediglich kennenlernen. Entscheidend ist vielmehr die Kombination aus Folgewille, Konzentrationsfähigkeit und mentaler Ausgeglichenheit des Hundes sowie das „Zusammenspiel" mit dem Führer (s. Seite 18 ff.).

Kommen jedoch zusätzlich störende Umstände im Verlauf der längeren Stehzeit hinzu, können sie für den Hund zu nennenswerten Erschwernissen führen:

Besonders gravierend ist die Ablenkung durch Fährten/Spuren von Wild oder die unmittelbare Begegnung mit Wild während der Riemenarbeit, die je nach Ausbildungsstand störend auf den Hund einwirken. Ebenso können Menschen als Pilzsucher, Jogger oder Spaziergänger die Aufmerksamkeit des Hundes beeinträchtigen. Zudem gibt es wetterbedingte Störungen (Starkregen, Sturmböen u. a. m.), die das Geruchsmuster der gelegten Fährte erheblich verändern oder gar löschen können, womit die Arbeit des Hundes erschwert oder gar unmöglich gemacht wird. Längere Stehzeiten sind in der Regel mit anderen Erschwernissen kombiniert.

Der Standard – die Übernachtfährte
Aus zurückliegenden Untersuchungen zum Verhalten von Hunden in Abhängigkeit von der Fährtenstehzeit (s. Kasten) soll hier der Schluss gezogen werden, dass man im Verlauf der Anfangsausbildung, wenn die notwendige Grundeinstellung des Hundes erreicht ist, die Stehzeiten der gelegten Fährte sehr rasch auf über drei Stunden erhöht. Der weitere Weg bis zur Übernachtfährte ist dann kurz, wenn der Hund nach den vorangegangenen Schritten gelernt hat, in jedem Falle motiviert und konzentriert zu arbeiten.

Die Übernachtfährte wird zum Standard, der die Grundlage für weitere Steigerungen der Anforderungen bildet.

Der Ausbildungsfortgang auf die Doppel-Übernachtfährte, also 40 bis 50 Stunden, ist in der Regel zügig geschafft, wenn der Hund die einfache Übernachtfährte wirklich souverän meistert.

Zuweilen werden mit sorgfältig ausgebildeten Hunden verbliebene VSwP-Fährten (Reservefährten) nach 75 und gar 100 Stunden erfolgreich gearbeitet, durchaus auch im schalenwildreichen Revier, wenn keine massiven Witterungsunbilden (s. o.) entgegenstehen.

>INFO

Die Fährtenstehzeit

Bevor 1961 die erste Prüfungsordnung zur Verbandsschweißprüfung (mindestens 20 Stunden, 1 000 Meter, maximal 0,25 l Schweiß) von der Hauptversammlung des JGHV beschlossen wurde, hatten an verschiedenen Orten Vorversuche zum Verhalten der Hunde auf der künstlichen Schweißfährte stattgefunden. Dabei kam man u. a. zu der Erkenntnis, dass sich die Hunde bei Stehzeiten von nur zwei bis drei Stunden (je nach äußeren Verhältnissen) nahezu ausschließlich an der Fährte des Schweißfährtenlegers orientieren und erst bei längerer Stehzeit den verteilten Schweiß als Orientierungshilfe annehmen.

Fährtenlänge

Die ersten Übernachtfährten sollen in einem Gelände mit möglichst schwachen, besser ganz ohne Ablenkungen gelegt werden. Der Schweiß darf noch verhältnismäßig reichlich sein (z. B. 1/4 l je 400 bis 500 m). Die Länge aber wird von Fährte zu Fährte auf schließlich deutlich mehr als 1 000 Meter ausgedehnt.

Der Hund lernt, auf langer Strecke und zugleich über längere Zeit bei anhaltender Konzentration durchzuarbeiten. Gleichbleibende Fährtenlängen über eine längere Ausbildungszeit führen dazu, dass der Hund einen „inneren Entfernungsmesser" entwickelt und in Schwierigkeiten gerät, wenn die so antrainierte Länge plötzlich deutlich überschritten wird. Die Fährtenlänge muss für den Hund „nach oben offen" bleiben.

Arbeitet er souverän über 1 000 Meter und mehr, wird einerseits zwischenzeitlich auch wieder auf kürzeren Fährten geübt, allerdings mit anderen Erschwernissen (s. u.). Andererseits wird bei folgenden Übungen die Strecke kontinuierlich auf bis zu zwei Kilometer und mehr verlängert.

Reduktion der Schweißmenge

Am Anfang der Ausbildung ähnelt die Folge der Duftpartikel (Schweiß), die den „roten Faden" darstellen, etwa dem lückenlosen Verlauf einer Schleppe. Hernach werden deren Abstände allmählich so vergrößert, dass schließlich nur noch mit jedem zweiten Schritt getupft bzw. getropft wird. Parallel zur Verringerung der verwendeten Schweißmenge wird sehr bald die Übernachtfährte stetig verlängert.

Zunächst wird die Menge über die verlängerte Strecke verteilt, beispielsweise 1/4 l auf 400 bis schließlich 1 000 m. Der geübte Hund kommt nach einiger Übung mit noch viel weniger Schweiß aus. Es ist deshalb eine gute Vorgabe, mit ihm auf der 20-Stunden-Fährte der Verbandsschweißprüfung (1 000 m, 1/4 l Schweiß) erst anzutreten, wenn er 2 000 m mit 1/8 l – 1 000 Meter mit 1/16 l also – nach 40 Stunden sicher meistert. Für eine fein dosierte Ausbringung ist die *Tupftechnik* zu empfehlen.

Je geringer die ausgebrachte Schweißmenge ist, desto häufiger ergeben sich für den Hund Unterbrechungen des „roten Fadens". Die Gründe können verschieden sein: Laubverwehungen durch Windböen, von Schwarzwild verursachte Gebrächstellen oder anderes.

Für eine feine Dosierung des Schweißes eignet sich die Tupftechnik am besten.

Unterbrechungen meistern

In jedem Falle muss der Hund lernen, derartige Unterbrechungen zu überwinden, den Anschluss zu finden. Deshalb werden zuerst kurze schweißfreie, entsprechend sorgfältig markierte Strecken von bis zu ca. zehn Metern (Schweißriemenlänge) eingelegt. Der Hund wird seitlich, nach vorn und auch zurück den Anschluss suchen, er wird schließlich bei kreisförmigen Bewegungen „bögeln". Der Führer lässt ihm reichlich Zeit, unterstützt einfühlsam, gibt ihm hinreichend Riemen und lobt verhalten, wenn er den Anschluss gefunden hat. Es ist einleuchtend, dass der Hund beim „Bögeln" mehr Spielraum als zu Beginn der Ausbildung erhalten muss. Entscheidend ist, dass er sich ernsthaft um den Anschluss bemüht. Erfüllt er die Anforderung, werden längere schweißfreie Strecken eingelegt und über die Vorsuche (s. Seite 90 ff.) überwunden.

Je nach Geländebedingungen und anderen Gegebenheiten vermag der Hund sich an der – während des Fährtenlegens entstandenen – Bodenverwundung zu orientieren und dadurch schweißfreie Strecken zu überwinden. Der Führer wird deshalb solche Übungen dort durchführen, wo möglichst wenig Bodenverwundung entsteht (z. B. in ebenem Gelände ohne Bewuchs).

Die Bodenverwundung spielt für den Hund beim Verfolgen von Fährten bzw. Spuren eine zentrale Rolle, weshalb darauf im Kapitel „Boden und Bewuchs" (Seite 86 ff.) näher eingegangen wird.

Ein frisches Gebräch von Sauen z. B. kann die Rotfährte unterbrechen.

Weitere Anforderungen

Verweisen von Pirschzeichen

Es ist geradezu eine Augenweide, wenn der sauber ausgebildete und geführte Rasse-Schweißhund gelegentlich der Nachsuche innehält, einen Grashalm mit seiner Nase von unten nach oben und zurück abtastet, sich möglicherweise noch zum Führer umschaut und ihm bedeutet: „Chef, hier ist abgestreifter Schweiß!" Der Hund zeigt hier Schweiß in „gehäufter Form" an, er verweist ein Pirschzeichen. Ebenso wird das Wund- oder Tropfbett, der verlorene Knochensplitter, in der Fährte liegender Pansen- oder Mageninhalt u. a. m. verwiesen. Daraus erhält der Nachsuchenführer außerordentlich wichtige, vielfach erfolgsentscheidende Informationen. Die Verhaltensweise ist bei Rasse-Schweißhunden häufig genetisch angelegt und wird in der Ausbildung und Führung gefestigt.

Verweiserpunkte

Bei den vielseitigen Jagdgebrauchshunden ist das anlagebedingte Verweisen von Pirschzeichen bei Weitem nicht so stark ausgebildet, es kann ihnen aber in der Ausbildung vermittelt werden. Selbst der Welpe lernt es bei gezielter Anleitung auf der Futterschleppe:

Er ist darauf eingestellt, die Futterschleppe, gezogen im verleitungsarmen Gelände mit einem etwa hühnereigroßen Lungenstück, über 400 m nach 15 Stunden problemlos zu meistern. Von derselben Lunge werden kleine Würfel von ca. fünf Kubikzentimetern vorbereitet und einzeln an sorgfältig markierten Stellen ausgelegt; zum Schutz vor „Mitessern" werden sie leicht mit Streu abgedeckt.

Der hungrige Welpe arbeitet auf der Schleppe motiviert und beherrscht in ausgeprägt langsamer Gangart. Der Führer folgt am etwa fünf Meter, d. h. nicht zu langen Riemen. Der Welpe kommt zum ersten „Verweiserpunkt" und registriert mit der Nase höchst interessiert das ausgelegte Lungenstückchen. Nun han-

Rehlungenstück zum Schleppen und Bröckchen für Verweiserpunkte

gelt sich der Führer unter dem Zuspruch „Lass sehen!" rasch am Schweißriemen zu ihm, ohne ihn weiter vorzulassen und „findet und frisst gemeinsam mit ihm". Danach darf der Welpe die Riemenarbeit in gewohnter Weise fortsetzen. Nach mehrfacher Wiederholung empfindet das Hundekind den Vorgang als freudig-„prägendes" Erlebnis. Bei nachfolgenden Übungen werden noch kleinere Stücke noch sorgfältiger abgedeckt, sodass das Finden wenige Sekunden mehr beansprucht. Beim Jährling führt diese Vorgehensweise zum gleichen Erfolg.

Material für Verweiserpunkte

Welche Teile eines Tierkörpers für die Fährtenherstellung einerseits und die Verweiserpunkte andererseits verwendet werden, ist gleichgültig, solange sie vom selben Tier stammen. Bewährt hat sich beispielsweise, von einem Stück Schalenwild den Schweiß für die Fährte vorzusehen und aus der Lunge die Stücke für die Verweiserpunkte zurechtzuschneiden. Auch geronnene Schweißbröckchen eignen sich für die Verweiserpunkte.

Der Verfasser selbst bevorzugt, die Fährte mit einem Stück Lunge anstelle von Schweiß zu tupfen und kleine Bröckchen der Lunge für das Verweisen auszulegen. Im Ausbildungsverlauf kann punktuell auch vermehrt Schweiß ausgebracht werden, der das Interesse des Hundes erregt, allerdings nicht mehr unbedingt fressbar ist. Im Übrigen hilft die Tiefkühltruhe, sich vorsorglich mit geeignetem Material einzudecken.

Im Grunde kommt es darauf an, das Interesse des Hundes auf verstärkt wirkende Duftquellen im Fährtenverlauf zu lenken, bei denen er dann innehält, sie näher untersucht und schließlich das besondere Interesse seines Führers erfährt. Jeder Hund eignet sich dabei seine eigene, individuelle Körpersprache an, die der Führer jeweils zu verstehen lernt. Auch das trägt schließlich erheblich zur Harmonie im Gespann bei. Der Erfolg an Prüfungen und insbesondere auf vielen Nachsuchen ist der Lohn dafür. Auf Prüfungen und insbesondere in der Nachsuchenpraxis ist das Verweisen von Merkmalen, die der Führer sehen kann, außerordentlich wertvoll.

›TIPP

Das Material zum Legen der Ansatzfährte und zum Herstellen von Verweiserpunkten muss stets identisch sein, d. h. vom selben Tier stammen! Andernfalls würde der Hund für sein Interesse an anderen Gerüchen während der Fährtenarbeit belohnt – das aber darf keinesfalls geschehen!

Boden und Bewuchs

Bodenverwundung

Das ziehende oder flüchtende Wild verursacht mehr oder weniger ausgeprägte, mechanische Veränderungen (Eindrücke, Ausrisse, Verletzungen usw.) an der Bodenoberfläche, welche als Bodenverwundung bezeichnet werden. Dadurch entsteht eine für den Hund riechbare „Parallelfährte" neben der vom Wildtier hinterlassenen Individualfährte, die ihm als zusätzliche Orientierung dient.

Die Erfahrung zeigt, dass die Wirksamkeit der Bodenverwundung für den Hund bei „gewachsenem", d. h. seit längerer Zeit mechanisch nicht verändertem Untergrund besonders hilfreich ist. Das erklärt sich daraus, dass jede neue Bodenverwundung dem riechbaren Umfeld ein weiteres, „außergewöhnliches" Begleitmerkmal hinzufügt. Das andere – und für den Hund problematische – Extrem ist der frisch gepflügte Acker, über den der Hase läuft: Es bereitet dem Hund bei der Ausarbeitung der Spur besondere Schwierigkeiten, weil eben alles durcheinandergebracht wurde.

Ein Informationskomplex

Nicht die Verletzung des Bodens allein, sondern auch die von Schalen, Pfoten oder Füßen verursachten Veränderungen an toten wie lebenden Teilen gehören zum Begriff der Bodenverwundung. Das vom Wildtier gedrückte Gras, der geknickte Krautstängel, das gequetschte Blatt, der gebrochene Ast und vieles mehr verursachen eigene Geruchsbilder und geben dem Hund zusätzliche Informationen über den Fährtenverlauf.

Wenngleich es für das Phänomen keine wissenschaftliche Erklärung gibt, wird angenommen, dass freigelegte Mikroorganismen im Boden (Bakterien, Pilze und andere Kleinlebewesen), festgehaltener Individualgeruch des Wildtie-

Bodenverwundungen auf weichem Waldboden

Von ziehendem Wild geknickter Pflanzenstiel

res in der eingedrückten Fährte oder ggf. frische Wundstellen an Pflanzen daran beteiligt sind.

Intensität unterschiedlich

Der Schwierigkeitsgrad einer Fährte ist u. a. von der Intensität der Bodenverwundung abhängig. Natürlich verursacht auch der Fährtenleger Bodenverwundungen, die der Hund nutzt. Je unebener das Gelände, je rauer der Untergrund – durch liegende Äste, Bodenbewuchs u. Ä. – und je weicher der Boden, desto einfacher vermag der Hund die Fährte zu halten. Ebenso erleichtert eine steile Hangneigung dem Hund die Fährtenarbeit, weil dort in der Regel deutlich stärkere Bodenverwundungen durch den Fährtenleger entstehen.

Die Intensität der von Wild verursachten Bodenverwundung hängt natürlich auch vom Gewicht des verursachenden Tieres ab. Folglich kann der Hund der 50-kg-Sau oder gar dem 150-kg-Hirsch einfacher folgen als dem 10-kg-Kitz. Es sei an die Ausführungen zum Fährtenschuh (Seite 48 f.) erinnert. Diese Bodenverwundung ist dem Hund eine wichtige Orientierungshilfe. Zu den 70, 80, 90 und mehr Kilogramm, mit denen der Fährtenleger auf den Fährtenschuh drückt, bedarf es in diesem Zusammenhang wohl keines weiteren Kommentars.

Unabhängig von anderen anatomischen Besonderheiten ist bei leichtgewichtigem Wild (inkl. Rehwild) – im Vergleich zu schweren Schalenwildarten – die minimale Ausprägung oder das Fehlen der Bodenverwundung ein Grund dafür, dass deren Gesundfährte bzw. Spur nach relativ kurzer Zeit vom Hund nicht mehr verfolgt werden kann. Im Hinblick auf eine anspruchsvolle Qualifizierung für Nachsuchen auf Rehwild ist der Hund

Unter Altbuchen ohne Aufwuchs entsteht weniger Bodenverwundung …

… als auf rauem, bewachsenem Untergrund.

deshalb auf feinste Duftpartikel aus der Verletzung des Rehwildes einzustellen, da meist nur sie ihm bei der Fährtenarbeit als Orientierung zur Verfügung stehen!

Wechselnder Untergrund und Bewuchs

Für den Hund bedeutet es jeweils eine Umstellung, wenn der Fährtenverlauf durch unterschiedliche Waldbestockungen (Baumarten und Altersklassen) und Geländeexpositionen (schattiger Nord- und Osthang einerseits, von Wind und Sonne beeinflusster Süd- und Westhang andererseits) oder zwischen Feldmark und Wald u. a. m. verläuft. Bei wechselnder Bodenbeschaffenheit, wechselnden kleinklimatischen Verhältnissen und einer unterschiedlichen Bodenfauna und -flora erwarten den Hund entsprechend wechselnde Duftfelder. Er steht dann vor der Aufgabe, aus dem jeweils neuen „Konzert vieler Gerüche" allein die Ansatzfährte herauszufiltern und ihren Fortgang zu finden. Wenn beispielsweise die Fährte aus einem Buchenstangenholz in einen Fichtenaltbestand führt, tut sich der Hund am Übergang vorübergehend schwer. Das kostet ihn Kraft und Konzentration, weshalb führungstechnisch entsprechend reagiert werden muss (s. Seite 69 f.).

Der Hund muss lernen, dass die verschiedenartigen Verhältnisse zur Normalität gehören, weshalb die Übungs-

Das Fährtenumfeld in z. B. einem Fichtenstangenholz riecht anders …

… als das auf einer Wildwiese.

fährten entsprechend gelegt werden. Mit zunehmender Übung stellt sich beim Hund die Routine ein, solche Hürden rasch zu überwinden.

„Linienlaufen“ unterbinden

Verläuft die Fährte über längere Strecken auf Waldwegen, Schneisen, ausgetretenen Wildwechseln oder ähnlichen „Linien“, neigt der Hund nach einer gewissen Zeit dazu, sich überwiegend optisch – weil das einfacher ist – zu orientieren und dabei die enge Verbindung zur Ansatzfährte mittels seiner Nase zu vernachlässigen. Dieses sogenannte „Linienlaufen“ muss korrigiert und der Hund dazu angehalten werden, konzentriert und pausenlos mit der Nase Kontakt zur Fährte zu halten.

Um das zu erreichen, wird die Übungsfährte in der Nähe eines Waldweges gelegt. Sie verläuft streckenweise wiederholt auf dem Weg und verlässt ihn jeweils über einen rechtwinkligen Haken in den Waldbestand hinein. Die sorgfältige Markierung des Fährtenverlaufs ist selbstverständlich.

Sobald der Hund oberflächlich wird und die Nase hochnimmt, heißt es „Platz!“. Nach entsprechender Ermahnung geht die Arbeit danach konzentriert weiter. Der selbstverständliche Gehorsam des Hundes begleitet die Ausbildung als wesentliche Stütze.

Die Fährte verläuft auf dem Fahrweg und verleitet zum „Linienlaufen“.

Läuft der Hund ohne weitere Reaktion über den Haken hinaus, tadelt der Führer mit scharfem „Äh!“ oder „Nein!“. Es ist besonders darauf zu achten, dass die plötzlichen Absprünge von der „Linie“ vom Hund sorgfältig ausgearbeitet werden. Hat der Hund den Abgang vom Weg gefunden, erreicht ihn das verhaltene, freudeunterlegte „Verwund’t!“ (vgl. Seite 67 f.).

Die Streckenlängen auf dem Weg sind zunächst kurz zu halten, 10 bis 30 m etwa, werden jedoch bei folgenden Übungen erweitert und abwechselnd kürzer oder länger gewählt. So stellt sich der Hund auf eine jederzeit mögliche Richtungsänderung ein und lernt, sich auch angesichts „optischer Linien“ auf seine Arbeit mit der Nase zu konzentrieren, sich keine Oberflächlichkeit zu leisten.

Ist das Ziel erreicht, werden gleiche Übungen auch auf deutlich sichtbaren Wildwechseln empfohlen, auf denen ggf. Verleitungsfährten von Wild stehen, die der Anforderung zusätzlich entgegenstehen.

Spitze Haken und Widergänge

Widergänge sind im angeborenen Fluchtverhaltensmuster von Wildtieren verankert. Aus einer Kehrtwendung heraus legt das Tier auf der Fluchtfährte eine gewisse Strecke zurück, um dann mit dem Wind die Richtung zu ändern. Sowohl der beim Brackieren verfolgte Hase als auch das kranke Stück Schalenwild versucht durch dieses Verwirrspiel, den Verfolger abzuschütteln. Die Lösung der besonderen Schwierigkeit durch den nachsuchenden Hund erfordert viel Übung und Erfahrung, auch beim Hundeführer.

Die Winkel werden spitzer

Das Einlegen vieler Haken beim Erstellen der künstlichen Schweißfährte gehört beim mittlerweile erreichten Ausbildungsstand des Hundes zum Standard. Hinzu kommt nun, dass diese Haken z. T. spitzwinklig angelegt werden, sich somit dem Widergang annähern. Zu Beginn erfolgt die Richtungsänderung *gegen* die allgemeine Windrichtung. Zum einen findet der Hund den Anschluss dadurch leichter, zum anderen bleibt die Fährtenfortsetzung außerhalb der Geruchskontaktzone der bereits gefolgten Fährte.

Im nächsten Schritt wird der spitzwinklige Haken dann *mit* der Windrichtung gelegt, sodass sowohl der Anschluss schwieriger zu finden ist, als auch der vom Wind herangetragene Geruch der gearbeiteten Fährte zunächst zu Irritationen des Hundes führen kann.

Dem folgen schließlich exakte Widergänge, zunächst acht bis zehn Meter (Schweißriemenlänge), dann längere, die ihr Ende durch rechtwinklige Abgänge *mit* dem Wind haben. Angesichts derartiger Anforderungen an den Hund ist die betont langsame, verhaltene Gangart besonders wichtig. Der Hund muss lernen, auch solche Hürden zu nehmen, wenngleich sie zu den schwierigsten gehören.

Vorsuchen

Auf Seite 82 f. wurde die Unterbrechung des „roten Fadens" und deren Überwindung bis zur Schweißriemenlänge behandelt. Um den Fortgang einer Schweißfährte über weitere Entfernungen zu finden, bedient man sich der sogenannten Vorsuche, mittels derer der Hund in der Praxis die unterbrochene Wundfährte mehr oder weniger selbstständig, ohne unmittelbaren Anhalt und Hinweis durch den Führer, finden und anzeigen soll. Das muss er lernen.

>INFO

Versuche in der Jagdpraxis

In der Praxis können recht unterschiedliche Gründe eine Vorsuche notwendig machen: Sie reichen von der Suche nach dem nicht genau bekannten Anschuss über die Überwindung des großflächigen Gebrächs einer Schwarzwildrotte und die Suche einer Ausstiegsstelle am Fließgewässer bis hin zur Kontrolle eines etwaigen Auswechseln des kranken Stückes auf der anderen Seite der Dickung.

Anschuss festmachen

Relativ häufig kommt es (leider) vor, dass der Jäger den Anschuss nicht hinreichend genau bestimmen kann. In einem solchen Falle muss der Hund vorsuchen und den *Anschuss festmachen*. Als erste Ausbildungsübung schickt der Führer den Hund am Schweißriemen aus ca. 15 m Entfernung mit einem immer wiederkehrenden Kommando (z. B. „Such vorhin!") gegen den Wind in Richtung des sichtbar markierten Anschusses. Der Führer folgt langsam dem nach beiden Seiten und nach vorn suchenden Hund. Zeigt der Hund dort eindeutig – ggf. „verharrend" – an, greift der Führer unter verhaltenem Zuspruch („Lass sehen!") am Schweißriemen zügig vor, verweilt mit dem Hunde einige Sekunden am Anschuss und lässt ihn dann langsam voran arbeiten (s. Seite 64 f.). Der Hund benötigt in der Regel nur wenige Übungseinheiten, um den Auftrag zum Vorsuchen für das Finden des Anschusses auch aus größerer Entfernung (ca. 50 m) zu verstehen und ihn zielsicher auszuführen.

Bei nachfolgenden Übungen sollte der Anschuss häufiger per Vorsuche aus weiterer Entfernung gesucht werden. Aber auch die Ablege-Übung vor dem unmittelbaren Ansetzen darf nicht vernachlässigt werden. Beide Führungsarten vor der Riemenarbeit werden abwechselnd praktiziert.

Vorsuchen hinter dem Anschuss

In gleicher Weise wird das Suchen nach der *Schweißfährte hinter dem Anschuss* geübt. Bei Prüfungen ist diese erlernte Fähigkeit oft dann entscheidend, wenn das Gespann von der Ansatzfährte abgekommen ist, der Führer aber nur unklare Vorstellungen über den weiteren Verlauf hat. Gleiches gilt in der jagdlichen Praxis, wenn während einer Bewegungsjagd ein krankes Stück beobachtet wird, Hinweise auf den zugehörigen Anschuss aber fehlen, sodass über die gelernte Vorsuche zur Klärung beigetragen werden kann.

Suche nach dem Ausstieg

Ein spezielles Nachsuchenproblem sind „aufgelöste" Krankfährten. Als klassisches Beispiel gilt das kranke Stück Schwarz- oder Rotwild, das einen Bachlauf annimmt, darin mehr oder weniger weit zieht, sodass die *Fährte davonschwimmt.* Per Vorsuche parallel zum Bachlauf kann der Ausstieg des Stückes gefunden werden. Bei ersten Übungen liegen Ein- und Ausstieg noch nahe beieinander (Schweißriemenlänge). Danach wird der Abstand kontinuierlich vergrößert, wobei der Führer dem suchenden Hund unterstützend folgt. Hat der Hund den Ausstieg gefunden und zeigt er ihn deutlich an – ggf. durch „verharren" –, greift der Führer wieder am Schweißriemen bis zum Hund vor, lobt verhalten und lässt weiterarbeiten.

Ablenkungen durch Wild

Das *größte Hindernis* auf dem Weg des vielseitigen Jagdgebrauchshundes zum qualifizierten Schweißhund ist die *Ablenkung durch Wild*, sei es die unmittelbare Begegnung während der Fährtenarbeit oder die Wild-Verleitungsfährte, welche die Ansatzfährte kreuzt. In jedem Falle wird der Hund in seiner Orientierung stark beeinträchtigt. Die Bemerkung mag banal klingen, dass Nachsuchen in der Regel dort stattfinden, wo Wild zieht. Bei nahezu jeder anspruchsvollen Nachsuche muss der Hund störende Verleitungsfährten und andere Ablenkungen durch Wild überwinden. Sie gehören zur Normalität in der Nachsuchenpraxis und müssen deshalb in der Ausbildungspraxis berücksichtigt werden.

Unter Hinweis auf Kapitel „Boden und Bewuchs" (Seite 86 ff.) wird nochmals betont, dass ältere Spuren und Geläufe wie auch ältere Rehfährten nicht zu den relevanten Ablenkungen zählen. Dagegen beeinträchtigen Fährten von stärkerem Schalenwild wie Rot-, Dam-, Muffel-, Sika- und Schwarzwild auch nach längeren Stehzeiten durchaus das Verhalten des Hundes bei der Riemenarbeit.

Die Verbandsschweiß-Prüfungsordnung (§ 8 [1]) bestimmt, dass die Prüfung *„nur in großen Forsten mit guten Schalenwildbeständen"* durchgeführt werden darf. Das aus gutem Grund, denn es sind mindestens zwei Schalenwildarten gemeint, d. h. ggf. neben Rehwild eine weitere, wirklich relevante Art.

Die besondere Herausforderung

Für den vielseitigen Jagdgebrauchshund liegt die Herausforderung darin, dass er bei anderen jagdlichen Arbeiten frei suchen und Wild verfolgen darf, sich bei der Riemenarbeit jedoch allein auf die Ansatzfährte konzentrieren soll. Dieser Spagat gelingt, wenn alle *vorangegangenen Ausbildungsstufen sorgfältig umgesetzt*

Verleitung durch unmittelbare Begegnung mit Rehwild

sind und der *selbstverständliche Gehorsam des Hundes* erreicht ist.

Der Gehorsam zeigt sich darin, dass der Hund

- den Befehlen des Führers vom anderen Schweißriemenende her sofort und unverkrampft Folge leistet und
- sich bei freiem Lauf trotz aller wahrgenommenen Ablenkungen durch Wild auf Kommando halten lässt.

Dem Führer kommt die anspruchsvolle Aufgabe zu, den Hund bei der Riemenarbeit „richtig zu lesen" und situationsgerecht einzuwirken, d. h. sich dem Hund angemessen verständlich zu machen. Aus dieser Ausbildungslage heraus verknüpft der Hund schließlich, dass er sich ausschließlich und konzentriert der Ansatzfährte zu widmen hat.

Es sei an die Ausführungen zu Ablenkungen auf Seite 74 ff. erinnert, wo das Einlegen von Verleitungsschleppen abgehandelt ist. Daran anknüpfend werden für künstliche Schweißfährten jetzt Revierteile mit gutem Wildbestand und -besatz aufgesucht. Niederwild ist bewusst eingeschlossen, weil verleitende Begegnungen unmittelbar bei der Riemenarbeit vorkommen.

Gezielte Verleitungen

Der Führer ist über den Fährtenverlauf nach wie vor im Bilde. Sobald sich der Hund vom Verlauf der Ansatzfährte ent-

Dringen verleitende Düfte aus der Dickung ...

... heißt es „Ablegen!"

fernt und seine Aufmerksamkeit einer Ablenkung zuwendet (Verleitungsfährte, Nasenkontakt zu unsichtbarem Wild, Anblick von Wild), wird er vom Führer mit „Halt!" oder „Ablegen!" diszipliniert. Der Führer greift am Riemen bis zu ihm vor, ermahnt nochmals und setzt den Hund auf der Fährte erneut an.

Bei ein und derselben Gelegenheit können mehrfache Wiederholungen der Disziplinierung notwendig sein. Nimmt der Hund die Ansatzfährte wieder konzentriert an, folgt ein kurzes, lobendes „Verwund't!", wobei der Führer bis zum Ablaufen des Schweißriemens auf etwa acht Meter stehen bleibt und danach verhalten folgt. Dem Hund wird zunächst vermittelt: Das Verfolgen einer Verleitungsfährte oder anderen Ablenkung ist „strikt verboten"!

Beherrscht der Hund diesen Ausbildungsschritt sicher und hat er eindeutig verstanden, wird ihm langsam zunehmend mehr Zeit gegeben, den „roten Faden" selbstständig aus den verwirrenden Ablenkungen herauszufinden. Er soll schließlich Verleitungsfährten nicht ignorieren, sondern durchaus untersuchen, „den Irrtum erkennen" und lernen, die Ansatzfährte ohne besondere Unterstützung vom Führer herauszufiltern.

Ist auch dieser Schritt geschafft, werden die Anforderungen in der Weise erhöht, dass die Schweißfährte gezielt an frisch angenommenen Suhlen, Salz-

Die Rotfährte führt an einer frisch besuchten Suhle vorbei.

lecken und ähnlichen Ablenkungen vorbeiführt und schließlich auch durch Tages-Wildeinstände gelegt ist. Mancher Schweißhundführer hat und nutzt die Möglichkeit, Übungsfährten schließlich in gut bestückten Wildparks zu legen.

Unbekannter Fährtenverlauf

Bislang hat der Führer darauf geachtet, dass er bei der Riemenarbeit den Fährtenverlauf genau kennt, um bei allen, insbesondere neuen Anforderungen sachgerecht auf den Hund einwirken zu können. In der Übergangsphase zur auch dem Führer unbekannten Fährte ist es hilfreich, die Fährte nicht mehr lückenlos zu markieren oder/und die Wahrnehmung von Markierungen seitens des Führers bewusst auszublenden. Er sollte versuchen, allein aus dem Verhalten des Hundes die richtigen Schlüsse zu ziehen, den Hund richtig zu „lesen". Ist der Hund über die „Verharr-Methode" (Seite 71 ff.) ausgebildet, erleichtert das diese Kommunikation, das „Lesen" des Hundes erheblich!

Mit Hilfsperson

Bald schon geht der Führer dazu über, auf jede Markierung zu verzichten und schließlich die Hilfe einer hinreichend fachkundigen Person für das Fährtenlegen zu nutzen. Die Hilfsperson berücksichtigt dabei den Ausbildungsstand des Hundes und trifft – in Absprache mit dem Führer – aus den reichhaltigen Möglichkeiten der Anforderungen die angemessene Auswahl.

Beim Ausarbeiten der Schweißfährte ist die Hilfsperson stets anwesend und über den exakten Fährtenverlauf im Bilde – Lageskizze, GPS-/Diktiergerät oder unauffällige Markierungen im Gelände helfen dabei. Im Bedarfsfalle unterstützt oder korrigiert sie den Führer, wenn der gutgläubig seinem Hund in eine falsche Richtung folgt oder andere Schwierigkeiten auftreten.

Lernerfolg für Hund und Führer

Der Wegfall jeglicher Hinweise im Gelände zum Verlauf der künstlichen Schweißfährte kann für beide, den Führer wie den Hund, wichtige Lern- und Verhaltenseffekte bewirken:

– Der Führer konzentriert sich automatisch verstärkt auf das „Lesen" des Hundes – auf das Interpretieren seiner jeweiligen Verhaltensweisen – und erlangt dabei zunehmende Sicherheit. Das ist eine der wichtigen Voraussetzungen für den Erfolg. Mit der Sicherheit des Führers entwickelt sich zugleich eine innere Gelassenheit, begleitet von der zuversichtlichen Erwartung, mit dem Hund die Schweißfährte zu meistern. Das Vertrauen zu seinem Hund wird gefestigt. Diese positive Befindlichkeit des Führers wird seitens des Hundes durchaus registriert. Er übernimmt sie (s. Seite 18 ff.) und wird zusätzlich motiviert, was dem Ausbildungsfortschritt dient.

- Ist der Hundeführer bezüglich des Fährtenverlaufs stark verunsichert, wird sich im umgekehrten Fall auch diese negative Befindlichkeit auf den Hund übertragen und den Vierläufer gleichermaßen irritieren. Dann ist es sinnvoll, von einer niedrigeren Ausbildungsstufe aus erneut aufzubauen. Beispielsweise legt der Führer die Fährte zunächst wieder selbst, sodass er sich bei der Riemenarbeit annähernd an deren Verlauf erinnern kann, somit sicherer wird und den Hund besser „lesen“ lernt.
- Im fortgeschrittenen Ausbildungsstadium kann eine vorübergehende Verunsicherung des Führers für den korrekt auf der Fährte arbeitenden Hund auch einen positiven Lerneffekt haben. In der Selbstsicherheit seines Tuns lernt er, sich auch bei störenden Befindlichkeiten seines Führers nicht beirren zu lassen.

Das Verhältnis zwischen Führer und Hund wurde an dieser Stelle bewusst noch einmal angesprochen. Dabei ist die *zentrale Bedeutung des Führers* offensichtlich. Die Bemerkung „der Mann hat einen guten Hund“ soll positiv belegt bleiben. Im Falle qualifizierter Riemenarbeit auf der Schweißfährte ist die Bemerkung „der Hund hat einen guten Führer“ nicht weniger positiv zu bewerten!

Ein Diktiergerät in der Hand der Hilfsperson erleichtert die spätere Orientierung.

Widrige Umwelteinflüsse

Szenario: Wochenlanger, stabiler Lufthochdruck und Trockenheit mit sommerlichen Temperaturen. Der Hund hat die Übungsfährten trotz der Widerwärtigkeit schließlich solide gemeistert, er ist auf die bevorstehende Schweißprüfung vorbereitet. Just am Tag der Prüfung schlägt das Wetter um, kühlere Luft aus westlicher Richtung begleitet den leichten Nieselregen. Der Führer atmet erleichtert auf und denkt, diese Wetteränderung sei ein Geschenk des Himmels und werde die Arbeit erheblich erleichtern. Er lässt sich erwartungsfroh am Anschuss einweisen – und scheitert auf ganzer Linie. Er kennt seinen Hund nicht mehr, seine Hilflosigkeit verstärkt die Disharmonie, drei Abrufe durch die Richter, das Gespann kommt nicht zum Stück ...

Plötzlicher Witterungsumschwung

Das Szenario ist aus dem wirklichen Leben gegriffen. Was ist passiert? Das mag am besten zu erklären sein, wenn man sich erinnert, dass bei derartigem Witterungswechsel selbst der Mensch plötzlich eine Fülle erwachender, wohltuender Walddüfte wahrnehmen kann. Welcher überwältigenden Fülle an Gerüchen muss da der Hund ausgesetzt sein!

Es ist für ihn eine völlig neue Situation, in der zudem bislang nie geübt wurde. Noch nie musste er aus einem so extrem umfangreichen Strauß neuer Gerüche, der sich urplötzlich entfaltet, den „roten Faden“ heraussortieren. Er ist einerseits motiviert, andererseits „hoffnungslos“ irritiert. Sein Arbeitsstil scheint von einer „Übermotivation“ beeinflusst zu sein, für den Führer völlig ungewohnt. Wenn der Führer, seinerseits irritiert, die Bedeutung des Witterungsumschwunges nicht kennt, verstärkt dessen Verunsicherung die atmosphärische Störung im Gespann.

In diesem Beispiel handelte es sich im Grunde nicht um besonders erschwerte Bedingungen beim Halten einer Ansatzfährte, sondern lediglich um anfänglich störende Einflüsse, die durch Übung zu beherrschen sind.

Im Verlauf der Ausbildung sollen deshalb bewusst kurzfristig auftretende, extreme Wetteränderungen für Übungsfährten genutzt werden. Einerseits muss der Hund lernen, in stark veränderten (ggf. erweiterten) Geruchsbildern den „roten Faden“ zu identifizieren und ihm sicher zu folgen. Andererseits muss der Führer sich der jeweiligen Besonderheit bewusst werden und sich ggf. auf ungewohnte Verhaltensmuster des Hundes einstellen, sie richtig „lesen“ und darauf sachgerecht reagieren. Insbesondere muss er Ruhe bewahren, die langsamste Gangart einfordern und den Hund schließlich auf diese Weise zu gewohnten Verhaltensmustern führen.

Wärme

Sei es trocken-warm oder feucht-warm, in jedem Falle wird der Organismus des Hundes durch Wärme stärker belastet, woraus für ihn in erster Linie Schwierigkeiten entstehen, der Ansatzfährte kon-

Macht dem Hund die Hitze zu schaffen, wird ihm maßvoll Wasser gereicht.

zentriert zu folgen. Die Belastung hängt zudem einerseits von seiner allgemeinen körperlichen Konstitution (s. Seite 21 f.), andererseits von seinem Futter- und Trainingszustand ab.

> **›TIPP**
>
> *Viele Jagdhunde sind zu dick! „Schuldige" Führer mögen dem Verfasser diese Aussage nachsehen, sie aber dennoch beherzigen. Beim Hund sollten die hinteren Rippenbogen zu erkennen, mindestens zu „ahnen" sein. Nicht die Menge, sondern der Inhalt des Futters ist entscheidend. Gerade bei warmem Wetter rächt sich jedes Gramm zu viel, wenn körperliche Leistungsfähigkeit in besonderem Maße gefragt ist.*

Das tägliche, körperliche Training gehört zur Selbstverständlichkeit für das Leistungstier Jagdhund. Es ist darauf zu achten, dass er dabei nicht überfordert wird. Deshalb ist der freie Lauf, z. B. bei der Suche im Feld, besser als das Laufen am Fahrrad. Ein einseitiges Training ist nicht zielführend.

Vorbeugende Maßnahmen durch Training und richtiges Füttern sind nur ein Teil, die Widrigkeit hoher Temperaturen zu überwinden. Der andere Teil betrifft die Führung. Unbedingt zu achten ist auf die sehr langsame Gangart und die erholsame Unterbrechung der Riemenarbeit durch das Ablegen auf der Fährte,

>INFO

Ein Frischling – drei Gespanne

Der Verfasser erinnert sich an die Nachsuche auf einen Frischling (Schalentreffer im Hochsommer), der noch viele Kilometer zurücklegte. Beteiligt waren drei spezialisierte Nachsuchenhunde. Die Nachsuche begann am frühen Morgen des Folgetages. Der erste Hund war am späten Vormittag physisch am Ende, der zweite am Nachmittag, mit dem dritten kam der Frischling gegen 19 Uhr zur Strecke. Nicht die objektive Wahrnehmung der Ansatzfährte mit der Nase, sondern die hohe Temperatur war das Hindernis, das den Hunden zu schaffen machte.

möglichst an einem schattigen Platz. Der Hund hat diese „Führungsmittel" kennengelernt und als positive Signale in der Verständigung mit seinem Führer verinnerlicht.

Wird dem Hund in der Pause Wasser gereicht, so soll das sehr maßvoll geschehen, d. h. Nase und Zunge werden jeweils befeuchtet und eine „Handvoll" zum Trinken gegeben. Die Arbeit wird betont langsam fortgesetzt, wenn der Hund ruhiger atmet und erkennen lässt, dass er weiterarbeiten will.

Regen

In der Regel ist es für den Hund keine Erschwernis, wenn auf die gelegte Fährte üblicher Regen gefallen ist. Im Gegenteil, das Wasser hat den Schweißtropfen eventuell zerlaufen lassen und dadurch dessen Oberfläche vergrößert, sodass der Hund ihn leichter wahrnimmt. Wenn der Führer bei unbekanntem Fährtenverlauf keinen Schweiß mehr erkennen kann, wird er ggf. verunsichert, eine Gefühlslage, die sich gleichermaßen auf den Hund überträgt. Fazit: Der Führer muss den Hund richtig „lesen" lernen und daraus sein Vertrauen zum Hund nähren. Der Hund wird es seinerseits erwidern und somit die Harmonie im Gespann stützen.

Anhaltender Starkregen und wolkenbruchartiger Niederschlag hingegen können je nach Untergrund (Bewuchs, Bodenstreu, Hangneigung) die Fährte teilweise oder vollständig „wegschwemmen", sodass dem Hund kaum oder keine Anhaltspunkte mehr bleiben.

Wesentlich ist der Ausbildungsstand des Hundes, insbesondere inwieweit er auf die Wahrnehmung feinster Duftpartikel trainiert ist. Der Übergang von der Noch-Wahrnehmbarkeit zur Nicht-Wahrnehmbarkeit ist subjektiv und fließend.

Wenn es stark regnet, sollte die Riemenarbeit hinausgeschoben bzw. unterbrochen werden. Entstehendes Spritzwasser gelangt mit der Schnüffelatmung in die Riechwege und belastet den Hund zusätzlich.

Schnee

Die überschneite Fährte ist für den einigermaßen auf die Riemenarbeit eingestellten Hund kein Problem, solange der Schnee als „Pulverschnee" liegt und die Deckenstärke etwa 15 cm nicht überschreitet. Mit zunehmender Schneehöhe steigt auch der Schwierigkeitsgrad.

Schwieriger wird es auch bei verdichteter Schneedecke, etwa infolge Schnee-Regen-Gemischs oder Tautemperaturen. Besonders widrig ist nachträglich festgefrorener oder Harschschnee, d. h. der durch eine geschlossene Eisschicht „versiegelte" Schnee, der keine Duftpartikel mehr freigibt, sodass der Hund eine darunterliegende Fährte nicht wahrnehmen kann.

Die nach dem Schneefall entstandene Wundfährte ist in der Regel auch für den Menschen sichtbar und entsprechend einfacher vom Gespann zu verfolgen. Zumindest bei starken Fährten neigt der Hund dazu, sich angesichts der deutlichen Abdrücke auch optisch zu orientieren. Aus diesem Grunde ist es sinnvoll, keine künstlichen Fährten auf Schnee zu legen.

Frost

Der begrenzende Einfluss von Frost auf die Fährtenarbeit des Hundes ist von unterschiedlichen Begleitumständen abhängig.

Pulverschnee „in Maßen" ist für die Fährtenarbeit kein Hindernis.

Auf Rotfährten bei schneefreiem Untergrund und nachträglich auftretendem Bodenfrost kann der Hund Schwierigkeiten bekommen, dem „roten Faden“ zu folgen. Insbesondere auf feuchtem Boden oder bei vorangegangenem Regen tritt der weiter vorn genannte Versiegelungseffekt ein, sodass der gebildete Eisüberzug keine Duftpartikel durchlässt. Es ist jedoch denkbar, dass der Hund die versiegelnde Eisschicht im Zuge der Arbeit verletzt und dadurch an die Geruchsquellen herankommt. Doch je niedriger die Temperatur ist, desto weniger ist die Wahrscheinlichkeit gegeben.

Wie im vorangehenden Abschnitt angesprochen, sind die Schwierigkeiten bei Frost in Kombination mit „Pulverschnee“ geringer.

Wenn der Hund zuvor über längere Zeit bei Wärmegraden gearbeitet hat, bedeutet plötzlich auftretender Frost für ihn zunächst ein Hindernis. Auch das stellt einen Witterungsumschwung dar, auf den sich der Hund einstellen muss.

Die Erfahrung bestätigt, dass er bei anhaltenden Frostperioden einer Fährte zunehmend sicherer zu folgen vermag, wenn keine Eisversiegelung vorliegt. Der Hund passt sich der Veränderung an.

Starker Wind

Starke Windbewegungen erzeugen Luftturbulenzen, die dem Hund das genaue Orten einer Geruchsquelle und damit das Verfolgen eines Fährtenverlaufs erschweren. Die vorhandenen Gerüche werden sozusagen zu „Fetzen“ zerrissen, die nur mühsam (bis überhaupt nicht mehr) vom Hund zu einer Orientierungslinie zusammengefügt werden können. Je offener das Gelände (z. B. Feldmark) ist, desto schwieriger wird es für den Hund, je windgeschützter (z. B. Dickung), desto leichter vermag sich der Hund zu orientieren.

Im Gegensatz dazu erleichtert eine sanfte, kontinuierlich aus einer Richtung strömende Windbewegung die Orientierung. Das betrifft nicht nur die Fährtensuche, sondern jegliche zielgerichtete Nasenarbeit. Im fortgeschrittenen Ausbildungsstadium gehört deshalb die Arbeit auf Übungsfährten auch bei stärkeren Windbewegungen zum Arbeitsprogramm, damit der Hund den Umgang damit erlernt.

Bei extremen Windstärken, wie Sturm oder gar Orkan, ist jeglicher Versuch einer Fährtenarbeit sinnlos. Auch im Anschluss an ein solches Ereignis ist die Fährte häufig „vom Sturm verweht“, weil Laubstreu und andere Bodenauflagen weggeblasen oder durcheinandergebracht wurden und eventuell zusätzliche Niederschläge frühere Bodenverwundungen verwaschen und damit weitgehend unbrauchbar gemacht haben.

Nachsuche in der Praxis

Von der Kunst- zur Naturschweißfährte

Die erfolgreiche Nachsuche auf Schalenwild mit dem eigenen Hund wird in der Regel als besonders beeindruckendes Erlebnis empfunden. Sie „bestätigt“ das jagdliche Hochgefühl, über welches im Kreise anderer Jäger gern berichtet wird. Das ist im Grunde auch gut so.

Zur objektiven Einordnung der Leistung des Hundes sollten allerdings die Umstände der Nachsuche angemessen berücksichtigt werden. Zudem gilt der Grundsatz, dass der Einsatz des Hundes nur seinem Ausbildungsstand entsprechend erfolgen sollte und im Falle seiner Überforderung ein Spezialist die Nachsuche übernimmt. Im Fokus steht das kranke Stück Wild. Der Ehrgeiz des Hundeführers muss zurückstehen!

Der Anfang: Totsuchen

Nach der beschriebenen, soliden Ausbildung auf der Kunstfährte wird der Hund zunächst ausschließlich bei erwarteten Totsuchen zum Einsatz kommen und nur am Riemen zum verendeten Stück geführt. Einerseits stellt das Ausarbeiten des Todesfluchtwegs des beschossenen Stücks an den Hund keine große Anforderung und darf nicht überbewertet werden. Andererseits erregt ihn das Finden des Stückes und beflügelt seine Motivation. Zudem wird die Befindlichkeit des Führers von seiner eigenen Passion beeinflusst, insbesondere wenn er das Stück Wild selbst beschossen hat. In jedem Falle muss er sich dessen bewusst sein und darf seine Führungstechnik nicht ändern, muss sie ganz bewusst beibehalten, also

Ablegen am Anschuss – Zeit nehmen – langsamste Gangart – korrektes Arbeiten der Fährte.

Vor allem wird bei den ersten Naturfährten *keinerlei Flüchtigkeit, keine Oberflächlichkeit* zugelassen!

Wenn es die Umstände erlauben, ist es ratsam, die Fährtenstehzeit zu

Totsuche

verlängern. Ggf. kann das in Sichtweite verendete Stück auf einem Umweg geborgen und vor der Fährtenarbeit wieder abgelegt werden. Eine Wartezeit ist ohnehin geboten, wenn das beschossene Stück mit anderen Stücken des Sprungs/der Rotte/des Rudels geflüchtet ist, da der Geruch der Gruppe die Wundfährte für eine Weile überlagert.

Im Zweifelsfall der Spezialist

Stellt sich wider Erwarten heraus, dass das Stück nicht verendet ist, sondern weiter flüchtet, müssen der Ehrgeiz des Führers beherrscht und ein Spezialist angefordert werden.

Selbst wenn der eigene Hund das flüchtige Stück zur Strecke brächte, ist es dem Fortschreiten seiner Ausbildung zur Riemenarbeit nicht zuträglich. Wie auch in anderen Bereichen der jagdlichen Praxis stellt die lustvolle Erfahrung des Beutemachens den gründlich ausgebildeten Hund vor erneute, zusätzliche Herausforderungen. Erst die Kombination der Grundausbildung (Gehorsam!) mit der Jagdpraxis führt zum zuverlässigen Jagdhund. Gehorsam und „Reife“ des Hundes spielen die zentrale Rolle. Um die Ausbildung des Nachsuchenhundes zu vervollkommnen, ist zuerst die sichere Riemenarbeit bis zum verendeten Stück zu gewährleisten, bevor notwendige Hetzen mit Niederziehen bzw. Stellen des kranken Stückes angeboten werden.

Eine der wichtigsten Entscheidungshilfen, ob und inwieweit der Hund bei einer anstehenden Nachsuche eingesetzt wird, gibt die Bewertung des Anschusses.

Rund um den Anschuss

Das Lokalisieren des Anschusses sowie das Auffinden und Bewerten sogenannter Pirschzeichen gehören zum Handwerk des solide ausgebildeten Jägers. Die richtige Interpretation gibt Aufschluss darüber, ob und wo die Kugel getroffen hat und welche Entscheidung bezüglich einer Nachsuche zu treffen ist.

Dabei sind ausreichende Fertigkeiten nicht mit der Aushändigung des Jagdscheines gewährleistet. Neben dem erlangten Grundwissen bedarf es weiterer Übung, Hingabe und Geduld, die mögliche Vielfalt der Pirschzeichen zu finden und zu deuten. Jeder Anschuss, hinter dem das Stück nach wenigen Metern verendet liegt, sollte als Übungsobjekt wahrgenommen werden. Der Nachsuchenführer ist in besonderer Weise gefordert, seine Erfahrung kontinuierlich zu erweitern.

Lokalisierung

Nicht immer vermag der Schütze den genauen *Ort des Anschusses* anzugeben, sei es nach dem Schuss auf sich bewegendes Wild, sei es wegen der Schwierigkeiten in weitem, einheitlichem Gelände wie z. B. großen Wiesenflächen. Dass sich Schützen immer wieder vor Schussabgabe den genauen Standort des Stückes im Gelände nicht einprägen, soll hier auch Erwähnung finden.

In jedem Falle ist es sinnvoll, dass der Schütze von seinem Standplatz aus versucht, den Nachsuchenführer einzuweisen, um wenigstens die Richtung zu bestimmen. Es bleibt dann immer noch die Möglichkeit, per Vorsuche (s. Seite 90 f.) den Anschuss mit dem entsprechend ausgebildeten Hund zu finden.

Vom gefundenen und gekennzeichneten, verbrochenen Anschuss aus wird die Sichtlinie zum Schützenstand auf etwaige Hindernisse wie Zweige, Grashalme u. a. überprüft. Diese Kontrolle dient dem Hinweis auf eine Beeinträchtigung der Flugbahn oder gar Zerteilung des Geschosses.

Pirschzeichen

Irgendeine Spur, ein Pirschzeichen, hinterlässt die Kugel immer, wenn sie den Wildkörper oder die nahe Umgebung erreicht. Das Problem des Jägers ist häufig, diese Pirschzeichen zu finden, sie optisch wahrzunehmen. Das Auge wird durch vielfache Übung geschult.

Schweiß: Mancher Jäger ist zufrieden, wenn er *Schweiß* findet, obgleich dieser allein verhältnismäßig wenig über den Sitz der Kugel aussagt. Zudem wird der Informationsgehalt nach der Differenzierung von „hellrotem Lungenschweiß“, „dunklem Leberschweiß“ und „klarrotem Wildbretschweiß“ bereits fragwürdig, wenn einige Zeit darüber hinweggegangen ist und Zersetzungsprozesse die Farbe verändert haben. Außerdem un-

> **›TIPP**
>
> *Pirschzeichen sollten im Falle späterer Nachsuche immer vor möglichen „Mitessern“ wie Fuchs oder Eichelhäher gesichert werden. Dazu können sie mit mit einem Kleidungsstück abgedeckt oder auch mitgenommen (Knochensplitter, Schnitthaare etc.) und vorübergehend schonend aufbewahrt werden.*

Schweiß am Anschuss, doch welcher Körperregion ist er zuzuordnen?

terscheidet sich der hellere Schweiß der Arterien vom dunkleren der Venen.

Große Schweißmengen am Anschuss sind keineswegs immer als gutes Zeichen zu werten, da sie u. a. auch bei peripheren Schüssen (Lauf- und Streifschüssen) entstehen, dann nach relativ kurzer Fluchtstrecke jedoch rasch abnehmen und das beschossene Stück Wild sehr mobil bleibt.

Eine bessere Erfolgsprognose hat ein Anschuss ohne oder mit nur geringem Schweiß, der jedoch im Verlauf der Fluchtfährte zunimmt und in der Regel anzeigt, dass der Wildkörper voll getroffen wurde.

Neben dem Schweiß sucht der verantwortungsbewusste Nachsuchenführer immer auch nach anderen Pirschzeichen, die eine sicherere Beurteilung zulassen, was die Nachsuche erwarten lässt und ob der Hund in der Lage ist, anzunehmenden Eventualitäten gerecht zu werden.

Schnitthaar: Schwieriger zu finden, aber von hohem Aussagewert sind *Schnitthaare* bzw. -borsten, die die Kugel am Anschuss immer hinterlässt. Ihre äußere Gestalt und Farbe geben Hinweise auf die von der Kugel getroffene Körperregion. Grundsätzlich wird das Haar von der Unter- zur Oberseite des Wildkörpers dunkler und härter. Das vom Hundeführer angelegte „Schnitthaarbuch" ist für

Schnitthaare vom Reh: Stammen sie von der Bauchseite (li.), sind sie hell und weich, stammen sie vom Rücken (re.), sind sie dunkel und hart, dazwischen liegen die Haare von den Flanken.

ihn eine wertvolle Bestimmungshilfe.

Knochensplitter: Am Anschuss gefundene Knochensplitter weisen in der Regel darauf hin, dass das Stück Wild noch mobil ist und schließlich eine Hetze notwendig wird, um es zur Strecke zu bringen. In den überwiegenden Fällen stammen Knochensplitter vom Lauf, im besonders schlimmen Falle vom Äser

Splitter vom Vorderlaufknochen

bzw. Gebrech, zuweilen vom Wirbelfortsatz (Krellschuss) oder Rippenbogen. Der Splitter vom Laufröhrenknochen beispielsweise ist scharfkantig, relativ gleichmäßig gewölbt und vom Knochenmark innenseitig etwas fettig. Die Zuordnung von Knochensplittern muss geübt werden, z. B. anhand erlegter Stücke!

Das richtige Ansprechen entscheidet über die zu erwartende Anforderung an den Hund: Ist er in der Lage, die kompliziert verlaufende Fluchtfährte am Riemen auszuarbeiten und über eine abschließende Hetze das Stück zur Strecke zu bringen?

Knochensplitter kann das verletzte Stück Wild auch noch während der Flucht und im Wundbett verlieren, sie geben dem Nachsuchenden weitere Bestätigungen. Der Knochensplitter vom Lauf bedeutet immer, dass der Lauf irreparabel zerstört ist!

Wildbretfetzen, Sehnenteile: Sind am Anschuss keine Knochensplitter, neben Schweiß jedoch Wildbretfetzen oder/und Sehnenteile zu finden, ist mit einem reinen Wildbretschuss (z. B. Keule) im Außenbereich des Wildkörpers und einer schwierigen Nachsuche zu rechnen.

Magen- und Darminhalt, Leberstücke: Demgegenüber weisen Pansen- bzw. Magen- oder Darminhalt sowie Leberfetzen auf einen tödlichen Schuss hin. Allerdings darf nicht unmittelbar gefolgt werden! Nach der Flucht verendet das Stück in der Regel nicht unmittelbar im angenommenen Wundbett. Seine Verfolgung darf es jedoch nicht wahrnehmen, weil es sonst die Flucht weiter und ggf. über komplizierte Wege fortsetzt.

Mit der Nachsuche muss mindestens zwei bis vier Stunden, unter bestimmten Umständen auch länger gewartet werden. So kann das Schwarzwild bei einem Schuss durch das „kleine Gescheide" auch nach vier Stunden noch außerordentlich mobil sein, sodass mit der Nachsuche besser acht und mehr Stunden gewartet wird. Leber-Randstücke eines Stückes Schwarzwild haben eine besonders schlechte Prognose für den Jäger, weil das Stück eventuell noch längere Zeit leben und enorme, komplizierte Fluchtwege zurücklegen kann, wenn es zu früh im Wundbett gestört wird.

Rehwild ist bei diesen Pirschzeichen wesentlich „weicher", d. h. die Bewegungshemmung setzt früher ein und es verendet rascher.

Lungenstücke oder -schweiß: Werden am Anschuss eindeutig Lungenfetzen bzw. blasiger heller Lungenschweiß identifiziert, ist mit einem raschen Verenden des Wildes zu rechnen. Trotzdem sollte man eine einstündige Wartezeit bis zur Nachsuche einhalten.

Fliegen, Mistkäfer: Ansammlungen dieser Insekten am Anschuss helfen beim

Schmeißfliegen (rote Pfeile) zeigen den Weg: So entdeckt man auch die Schnitthaare (heller Pfeil).

Mistkäfer, durch Magen- und Darminhalt angelockt

Finden der vorgenannten Pirschzeichen. Diese Hilfe ist allerdings *auf* wärmere Jahreszeiten beschränkt, wenn die Insekten aktiv sind.

Kugelriss: Der Kugelriss im Boden gibt hilfreiche Hinweise. Einerseits wird nach Überprüfung der Sichtlinie zum Schützenstand beurteilt, ob die Kugel das Stück Wild überhaupt treffen konnte, andererseits gibt der Kugelriss einen Anhalt, wo nach weiteren Pirschzeichen zu suchen ist. Der Kugelriss ist häufig schwer zu finden. Ggf. erleichtern frisch aufgeworfene Erdkrümel auf Pflanzen und Bodenstreu seine Entdeckung.

Kugeleinschlag im Baum: Gelegentlich, vor allem bei Bewegungsjagden, ist der Kugeleinschlag in einem Baum zu finden. Durchschlägt die Kugel den Baum, zerteilt sich das austretende Geschoss

Kugelriss (li.) – nicht immer leicht zu finden. Bodenauswurf gibt Hinweise auf den Kugeleinschlag.

Die 8 x57 IS traf den Baumstamm und trat gesplittert aus.

trichterförmig, was die Wahrscheinlichkeit einer Verletzung des sich dahinter befindlichen Stücks Wild erhöht. In solchen Fällen ist oft kein Pirschzeichen zu finden, zumal angesichts der geringen Splitterenergie in der Regel der Ausschuss am Wildkörper fehlt. Dann stehen Nachsuchende vor besonderen Herausforderungen.

In den meisten Abhandlungen über die Arbeit mit dem Schweißhund werden die Pirschzeichen mehr oder weniger ausführlich in Wort und Bild beschrieben. Sie gehören zum unabdingbaren „Handwerkzeug" des Nachsuchenführers. Hier wird vor allem im Zusammenhang mit der Ausbildung des vielseitigen Jagdgebrauchshundes für die Nachsuchenarbeit nochmals auf die Bedeutung der Pirschzeichen hingewiesen. Sie sind Teil der Rahmenbedingungen, unter denen der Hund Schritt für Schritt auf die anspruchsvolle Nachsuchenarbeit vorbereitet wird.

Zeichnen

Eine zusätzliche Information, ob und wo das Stück Wild von der Kugel getroffen wurde, gibt das sogenannte Zeichnen des beschossenen Stückes, d. h. seine Reaktion beim Schuss. Allerdings ist das Zeichnen nicht in allen Fällen zu beobachten. Es hängt einerseits davon ab, ob das Stück steht oder sich bewegt, andererseits auch von der Wildart selbst.

Rehwild zeichnet in der Regel deutlicher als Schwarzwild. Schließlich kann darüber nur der Schütze selbst Auskunft geben. Es ist allerdings nicht jedem gegeben, angesichts seiner emotionalen Belastung stichhaltige Beobachtungen zu machen und entsprechende Schlussfolgerungen zu ziehen. Insofern wird die Aussage eher in Verbindung mit den Pirschzeichen eine objektive Bewertung zulassen. In jedem Falle ist auch hier sorgfältig abzuwägen, ob und inwieweit der in Ausbildung befindliche Hund für die Nachsuche eingesetzt werden kann.

Fluchtrichtung: Wird das Stück als Mitglied einer Gruppe (Sprung/Rotte/Rudel) beschossen, gibt die Richtung seiner Flucht im Vergleich zu den übrigen Stücken einen Hinweis auf die Schwere der Verletzung. Flüchtet es mit den anderen Stücken in die gleiche Richtung, ist die Prognose für den Jäger weniger günstig, als wenn es eine eigene Fluchtrichtung einschlägt.

Schlagartiges Zusammenbrechen: Fällt das Stück im Schuss wie „vom Blitz getroffen", ist für den Schützen höchste Aufmerksamkeit und Schussbereitschaft angesagt, weil ein Krell- oder Gebrech-/Äserschuss nicht ausgeschlossen werden kann. Nach kurzer Zeit könnte das Stück wieder aufstehen und flüchten, wenn es mit dem Nachschuss nicht zur Strecke kommt. Dann steht das Nachsuchengespann vor einer sehr schwierigen Aufgabe!

Drehung und schlenkernder Lauf: Wird ein Laufschuss angetragen, reagiert vor allem das Rehwild häufig durch eine Drehbewegung bei schlenkerndem Lauf. In einem solchen Fall bleibt der Schütze am besten dem Anschuss fern.

Bis zur Nachsuche sollten – entgegen anderen Aussagen [7] – wenigstens drei bis vier Stunden abgewartet werden. Der nachsuchende Hund muss in der Lage und bereit sein, das flüchtende Stück nach der Riemenarbeit bis zum frischen Wundbett über die Hetze zu ergreifen und abzutun bzw. (Schwarz- oder Rotwild) zu stellen.

Klagen: Klagen ist meist die Folge von Lauf-, Nieren- und Äser-/Gebrechschüssen. In allen Fällen ist dann mit schwierigen Nachsuchen zu rechnen, mit hoher Anforderung an die Riemenarbeit und anschließender Hetze, scharfem Stellen bzw. Niederziehen.

Krummer Rücken: Bei einem Waidwundschuss zeichnet Schwarzwild kaum erkennbar. Alles übrige Schalenwild hingegen flüchtet häufig mit hochgezogenen Lenden und krummem Rücken.

>INFO

Wartezeiten bei Waidwundschüssen

Bis zur Nachsuche wartet man bei Rehwild mindestens eine Stunde, beim übrigen Schalenwild drei bis vier Stunden. In keinem Falle darf das Stück im Wundbett frühzeitig gestört werden, weil es dann ggf. noch sehr weit und auf kompliziertem Wege flüchtet. Die Ungeduld des Jägers hat schon den Erfolg mancher Nachsuche zunichte gemacht.

Besondere Hinweise zur Praxisnachsuche

Die Vielfalt der Besonderheiten bei Nachsuchen ist eine der Ursachen, die dieser Art des Jagens eine besondere Faszination verleiht. Dem Nachsuchenden ist sie eine nie versiegende Quelle neuer Erfahrungen. Allein die Verhaltensweisen des Wildes auf der einen und die des Hundes auf der anderen Seite sorgen immer wieder für Überraschungen. Der Nachsuchende lernt nie aus, nicht zuletzt auch hinsichtlich der Bewertung von Informationen, die er vom Verursacher der Nachsuche, dem Unglücksschützen, bekommt.

Von besonderem Wert sind gute Berichte über Nachsuchen wie sie u. a. in Fachbüchern zu finden sind [1, 5, 10]. Die fachliche Kompetenz des Nachsuchenden wächst schließlich mit seiner Aufgeschlossenheit und eigenen Erfahrung. Einige Grunderfahrungen und daraus resultierende Folgerungen sollen angesprochen werden.

Nach(t)suche?

Wenngleich unter erfahrenen und verantwortungsbewussten Nachsuchenführern Einigkeit besteht, dass das Nachsuchen bei Dunkelheit nur unter strikten Bedingungen erlaubt werden darf, ist in der Jägerschaft die Nachsuche bei Nacht nach abendlichem Schuss ein immer wieder diskutiertes Thema. Einerseits *steht der Tierschutz im Vordergrund* aller Überlegungen, andererseits ist der Wunsch des Jägers nach rechtzeitiger Sicherung des Wildbrets verständlich.

Bedingungen

Um beides verantwortungsvoll miteinander zu vereinbaren, darf bei schlechtem Licht oder Dunkelheit die Nachsuche nur aufgenommen werden, wenn der Anschuss eindeutig gefunden ist,

- die Pirschzeichen (s. Seite 106 ff.) mit einer an Sicherheit grenzenden Wahrscheinlichkeit darauf hinweisen, dass das Stück im näheren Umkreis verendet ist oder rasch verenden wird,
- eine angemessene Wartezeit eingehalten wurde,
- der nachsuchende Hund nur am Riemen geführt, d. h. niemals in die Dunkelheit hinein geschnallt wird und der Wundfährte nicht weiter als 100 m gefolgt wird.

Es handelt sich in einem solchen Fall um sehr einfache Anforderungen an den Hund, die jeder erfolgreiche Absolvent einer Brauchbarkeitsprüfung erfüllen kann, der Spezialist wird für die verantwortbare Nachsuche bei Nacht nicht gebraucht.

Werden diese Vorgaben außer Acht gelassen, besteht die große Gefahr, dass das kranke Stück Wild den verfolgenden Feind wahrnimmt und, in der Regel vom Nachsuchenden unbemerkt, sein Wundbett verlässt. In der Folge spickt es sein Fluchtprogramm mit Verwirrungen, wie Widergängen, Ziehen in Wasserläufen u. a. m., und flüchtet, solange es die Kräfte zulassen. Die Nachsuche am Folgetag würde damit erheblich erschwert, in vielen Fällen erfolglos, während der Jäger bei korrekter Verhaltensweise das im Wundbett geschwächte Stück Wild am nächsten Morgen relativ einfach zur Strecke bringen könnte. Das Risiko der Entwertung des Wildbrets ist der Erfüllung von Tierschutzforderungen unterzuordnen.

Fluchtverhalten

Rehwild

Während Schwarz- und Rotwild nach Lauf- und anderen peripheren Schüssen zuweilen recht weite Strecken zurücklegen, ist das Rehwild ein „Kurzstreckenflüchter". Es bleibt, soweit es nicht gestört wird, auch bei einem Laufschuss zunächst in seinem Einstandsbereich. Es muss mehrere Stunden in Ruhe gelassen, „krank werden", bis durch Muskelschwellung und Störung der Verdauungsorgane eine Bewegungshemmung eintritt. Nicht

Der „Kurzstreckenflüchter" Reh darf auch bei Laufschüssen nicht sofort nachgesucht werden!

selten vermag der Hund dann bei der Nachsuche am nächsten Morgen das Stück während der Riemenarbeit im Wundbett zu überraschen und festzuhalten.

>INFO

Laufschüsse beim Reh

Noch immer wird gelegentlich die Auffassung vertreten, dass sich das Reh nach einem Laufschuss innerhalb einiger Stunden an die Behinderung gewöhne und deshalb schwerer zu bekommen sei. Das ist schlicht Unsinn! Im Gegenteil, das Risiko der Fehlsuche ist bei Aufnahme der Nachsuche unmittelbar nach dem Schuss außerordentlich hoch.

Die besondere Schwierigkeit der Rehwildnachsuche liegt, neben seinem überaus geschickten Fluchtverhalten, in der geringen bzw. fehlenden Bodenverwundung (s. Seite 86 ff.). Es sei wiederholt, dass die Riemenarbeit auf der Rehwildwundfährte hinsichtlich deren Wahrnehmbarkeit wesentlich höhere Anforderungen an den Hund stellt als beispielsweise auf der Rotwildwundfährte.

Frischlinge und Kälber

Nachgeordnete Stücke eines Sozialverbandes sind in der Regel schwieriger nachzusuchen als Einzelstücke, weil sie im Rahmen ihrer Kräfte bemüht bleiben, den Anschluss an ihre Sozialgemeinschaft nicht zu verlieren. Dadurch wird die Fluchtstrecke verlängert und mehr Verleitungsfährten nehmen Einfluss. Insbesondere *Frischlinge* und *Kälber* begeben sich infolge ihrer besonderen Bindung an das Muttertier nicht in ein Wundbett und stellen sich auch nicht, soweit sie der Mutter noch zu folgen vermögen. Insofern wird die Nachsuche ggf. mit einem wildscharfen, zupackenden Hund, der das Stück am Platz bindet, erfolgreicher bzw. schneller beendet, als mit einem Hund, der nur zu stellen versucht.

Die Erfahrung lehrt, dass Fehlsuchen in solchen Fällen u. a. entstehen, weil dem hetzenden Hund die ausreichende Schärfe und/oder Beharrlichkeit fehlen.

Hetze bei Lauf- und Äserschüssen

Bei Nachsuchen auf Wild mit Lauf oder Äser-/Gebrechschuss muss dafür Sorge getragen werden, dass es möglichst beim ersten Kontakt mit dem Nachsuchengespann zur Strecke kommt. Andernfalls ändert das kranke Stück sein „Fluchtprogramm“ wie bei der vorgenannten nächtlichen Störung für die Nachsuche vielfach in nahezu unlösbarer Weise. Das bedeutet, dass in solchem Falle stets ein ausdauernd-schneller und wildscharfer Hund für die Hetze bereitstehen muss. Wenn es der Riemenarbeiter nicht leisten kann, muss ein entsprechend anderer Hund zur Seite stehen. Es gibt eine Reihe von Beispielen, bei denen Hundeführer arbeitsteilig neben dem souveränen Riemenarbeiter einen zuverlässigen Hetzer führen.

Insbesondere bei Nachsuchen auf Rehwild ist es extrem schwierig, nach einer Fehlhetze den Anschluss wiederzufinden. Ähnlich ist es beim Schwarzwild mit Gebrechschuss, zumal dessen Wege noch viel länger sind, sich über viele Kilometer hinziehen.

Nachsuchenorganisation

Der Nachsuchenführer ist Jagdleiter!

Der zur Nachsuche gerufene Hundeführer übernimmt vor Ort grundsätzlich die

>INFO

Der Nachsuchenführer – Person *des Vertrauens*

Der Nachsuchenführer ist eine Vertrauensperson und muss sich dessen bewusst sein. Er äußert sich niemals zu revierinternen Angelegenheiten und er bewertet keine Fragen der Jagdausübung – der Nachsuchenführer ist in diesen Dingen zum Schweigen verpflichtet! Sein erfolgreicher, dem Tierschutz dienender Einsatz steht im Vordergrund.

Jagdleitung, d. h. er bestimmt den Ablauf der Nachsuche und entscheidet ggf. über den Nachsuchenabbruch. Von den unterstützenden Mitjägern sind Geduld und unbedingte Verlässlichkeit zu erwarten. Sie bleiben an ihrem zugewiesenen Platz. Stellt der Hund, wird er nur vom Hundeführer angegangen, und nur er trägt auch den Fangschuss an. So ist die Regel. Dennoch hat der Nachsuchenführer manche Auseinandersetzung mit ungeduldigen Jagdherren durchzustehen, in denen er souveränes Durchsetzungsvermögen beweisen muss.

Kontrollsuchen

Unter Kontrollsuche ist der Einsatz eines Nachsuchengespanns ohne konkreten Hinweis darauf, ob das beschossene Stück tatsächlich getroffen wurde, zu verstehen. Über die Vorsuche (s. Seite 90 f.) soll zunächst der möglicherweise übersehene Anschuss gefunden werden. Ist für den Führer kein Anschuss erkennbar, soll der Hund die Fluchtfährte untersuchen und feststellen, ob es sich um eine Krankfährte handelt, die er im positiven Falle passioniert aufnimmt und verfolgt und dabei ggf. Pirschzeichen verweist.

Aus dieser Aufgabenerstellung ergibt sich, dass dafür nur hinreichend ausgebildete Nachsuchenhunde geeignet sind. Wenn der auf der Kunstfährte durchgearbeitete, zuverlässige Hund bereits einige anspruchsvollere Naturfährten erfolgreich und zufriedenstellend gearbeitet hat, kann er für Kontrollsuchen herangezogen werden. Im Grunde aber ist *der beste Hund für Kontrollsuchen gerade gut genug.*

Bei Bewegungsjagden bedarf es nach jedem Schuss einer Kontrollsuche, wenn keine eindeutigen Hinweise auf einen Fehlschuss festgestellt werden. Insbesondere getroffenes Schwarzwild hinterlässt am Anfang der Wundfährten häufig keine erkennbaren Pirschzeichen. Der Jagdleitung obliegt die besondere Verantwortung, alle zweifelhaften Anschüsse über Kontrollsuchen sorgfältig abklären zu lassen.

Koordination und Abstimmung

Um diesen Teil der Jagd anspruchsgemäß zu gestalten, ist es notwendig, dass die regional tätigen Nachsuchenführer ihre Aktivitäten in gegenseitiger Abstimmung und Unterstützung koordinieren, gewissermaßen eine „Nachsuchenstation ohne administrative Regelung" bilden. Gegenseitige Aufgeschlossenheit und Anerkennung der Nachsuchenführer, der offene Dialog über Stärken und Schwächen ihrer Hunde und der Ausschluss von „Futterneid" sind Voraussetzung. Die Zusammenarbeit dient in verschiedener Hinsicht dem Nachsuchenauftrag.

- Vor allem in Zeiten der „Hochkonjunktur", wenn *Nachsuchen* in *größerer Zahl* anfallen wie z B. bei Gesellschaftsjagden im Herbst und Winter oder in Vollmondnächten vermag das Einzelgespann den Bedarf nicht zu decken. In kollegialer Zusammenarbeit müssen sich die Nachsuchenführer selbst einteilen und Nachsuchenanforderungen gegenseitig weitervermitteln. Nicht zuletzt ist der richtige Hund für die spezielle Nachsuche bereitzustellen.
- Im Falle *unvorhergesehener Probleme* während einer Nachsuche, die der nachsuchende Hund aus welchen Gründen auch immer nicht zu lösen vermag, muss ein anderes Gespann gebeten werden und versuchen, zum Erfolg zu kommen. Falscher Ehrgeiz ist unverantwortlich! Wenn beispielsweise der Hund aufgrund seiner körperlichen Voraussetzung das überraschend noch flüchtige Stück Rehwild nicht einholen und niederziehen kann, muss ein entsprechender Spezialist die Arbeit fortsetzen.
- *Körperliche Überforderung* durch eine Nachsuche – sie können den Hund wie den Führer treffen – erfordert grundsätzlich die Fortsetzung der Nachsuche durch ein frisches Gespann. Das ist z. B. im Hochsommer oft der Fall, wenn anhaltende Hitze dem Hund natürliche Grenzen setzt. Die Nachsuche muss dann rechtzeitig abgebrochen, die Fährte verbrochen und die Nachsuche mit allen gesammelten Informationen übergeben werden. Manche morgens begonnene Nachsuche, auf den laufkranken Frischling etwa, kam so erst abends mit dem dritten Gespann zu einem erfolgreichen Ende.

Aussagen nach einer Fehlsuche wie „das Stück ist nicht zu bekommen" dienen mehr der Selbstberuhigung als einer objektiven Beschreibung des Sachverhaltes. Vielmehr muss immer kritisch-objektiv hinterfragt werden, unter welchen Gegebenheiten man dem Erfolg doch näherkommen kann, ggf. eben über die Fortsetzung durch ein anderes Gespann.

Jede Fehlsuche hinterlässt den bitteren Geschmack der Ungewissheit!

Ausrüstung des Nachsuchenführers

Der „gut laufende", reißfeste, zehn bis zwölf Meter lange Schweißriemen sowie die breite, durch einen Wirbel mit dem Riemen verbundene Halsung ist die Grundausstattung für den Hund.

Bekleidung

Der Führer braucht eine reißfeste und wasserdichte Ganzkörperkleidung, möglichst aus imprägniertem Leinen, wasserdichtes und rutschfestes Schuhwerk, derbe Arbeitshandschuhe, eine fest sitzende Kopfbedeckung und eine Schutzbrille. Die Kleidung muss gewährleisten, dass weder Nässe noch dichtes Zweigwerk, Dornen und Stacheln den Führer auf seinem Nachsuchenweg nennenswert behindern.

Waffen

Als Schusswaffe für die Nachsuche vielfach bewährt hat sich die Repetierbüchse mit kurzem bzw. verkürztem Lauf und mündungsnaher Riemenaufhängung, insbesondere eine Büchse mit dem zuverlässigen 98er-System und im Kaliber 8 x 57 IS.

Am leuchtfarbenen Kunststoff-Schweißriemen abgelegt

>INFO

Sicherheit für den Hund!

Bindet der Hund ein krankes Stück Wild, ist immer zu bedenken, wie unberechenbar die Flugbahn des Geschosses bzw. seiner Teile wird, nachdem die Kugel einen Gegenstand getroffen hat. Mancher Nachsuchenhund ist das traurige Opfer einer verirrten Kugel beim Fangschuss geworden. Das ist neben anderen Sicherheitsvorkehrungen ein wesentlicher Grund, weshalb grundsätzlich nur der Führer dem stellenden oder festhaltenden Hund zur Hilfe kommen darf!

Die „kalte Waffe", das breitschneidige Waidblatt, wird benötigt, wenn der Hund das Stück niedergezogen hat bzw. festhält und der Schuss zu gefährlich ist.

Schweißhund trotz Vielseitigkeit

Der Begriff „Schweißhund" wird gemeinhin für die Rasseschweißhunde gebraucht. Hier sei er allgemein für den bei der Nachsuche qualifiziert arbeitenden Hund verstanden.

Das vorgestellte Ausbildungskonzept hat sich für die Nachsuchenpraxis bewährt. Sein besonderer Vorteil liegt darin, den auch anderweitig jagenden Hund immer wieder auf die notwendige Konzentration und Fährtentreue einzustellen, indem Übungen auf erschwernisbeladenen Kunstfährten gemacht werden. Die Möglichkeit dazu ist jederzeit gegeben, weil die *Motivation* für die Arbeit *auf der Kunstfährte* – trotz lustvoller Erfahrung bei natürlichen Nachsuchen – im Verhaltensmuster des Hundes *fest verankert* ist.

Jede freie Arbeit des Hundes steht dem Verhalten zur konzentrierten Riemenarbeit zunächst entgegen. Davon ist der vielseitige Jagdgebrauchshund in besonderer Weise betroffen. Aber die sorgfältige Ausbildung auf der Rotfährte in Verbindung mit dem selbstverständlichen Gehorsam macht es möglich, sein

>TIPP

Je reifer, älter und erfahrener ein Hund ist, desto rascher und selbstverständlicher schaltet er auf die Anforderung der Schweißarbeit und der Kunstfährte um. Die Erfahrung spielt eine zentrale Rolle. *Es ist für den Jagdkynologen faszinierend, wie der abgeklärte Hund nach der Stöberarbeit sich kurz darauf am Riemen konzentrieren kann.*

Auf der Nachsuche

Verhalten durch korrigierende Übungen dem Anspruch der zuverlässigen Riemenarbeit immer wieder anzupassen. Deshalb muss der Führer sich ggf. der Mühe unterziehen, nach entsprechenden Einsätzen erneut Übungen auf der Kunstfährte vorzunehmen.

Erfahrung zählt

Nach Hetzen im Rahmen von Nachsuchen, vor allem am Rehwild mit anschließendem Niederziehen, lässt die Konzentration bei nachfolgender Riemenarbeit zuweilen nach. Das ist einer der klassischen Fälle, in denen der Hund über die Übung auf der künstlichen Fährte wieder „in die Spur" gebracht werden muss. Nach Möglichkeit sollte der Hund ohnehin wenigstens zwei Jahre alt sein, bevor man ihm bei Nachsuchen eine Hetze anbietet.

Je mehr Nachsuchen ein Hund machen, je mehr Erfahrungen er bei dieser Arbeit sammeln kann, desto qualifizierter wird er für die Aufgabe. Das gilt für alle Nachsuchenhunde! Beim vielseitigen Jagdgebrauchshund ist aber die quasi konkurrierende Verhaltensweise bei der freien Arbeit zu berücksichtigen, was seinem Führer, vor allem in den ersten drei Lebensjahren des Hundes, einen höheren Aufwand abverlangt.

Die individuelle Eignung entscheidet

Die zu Nachsuchen eingesetzten Hunde repräsentieren hinsichtlich ihrer spezifischen Qualifikation eine breite Palette, zunächst unabhängig von der Rasse. Individuelle Eignung des Hundes, Ausbildung und Führung sind die Bewertungskriterien. In diesem Kontext ist jeder Nachsuchenführer in der Pflicht, die Möglichkeiten seines Hundes bei anfallender Nachsuche objektiv einzuordnen, seine Aufgabe im Sinne des Tierschutzes bestmöglich wahrzunehmen und ggf. für Unterstützung durch ein geeigneteres Gespann zu sorgen.

Schweißprüfungen

Schweißhundeprüfungen und „Schweiß Natur“

Prüfungen der Schweißhunderassen

Hinsichtlich der Prüfungssystematik unterscheiden sowohl der Verein Hirschmann e. V. für die Hannoverschen Schweißhunde wie der Klub für Bayerische Gebirgsschweißhunde 1912 e. V. die *Vorprüfung* von der *Hauptprüfung*.

Die zu Beginn angesprochene „Jägerhofmethode“ (Seite 9) findet beim *Verein Hirschmann e. V.* Eingang in die Vorprüfung. Die Prüfung wird auf der „gesunden Kaltfährte“ (in der Regel eines Stück Rot- oder Schwarzwildes) durchgeführt. Die Fährte muss mindestens drei Stunden alt sein. Stammt sie von einem in der freien Wildbahn entsprechend beobachteten Stück, ist eine Mindestlänge von 300 m vorgegeben. Wird ein zahmes Stück durch die Bezugsperson im Revier begleitet, sind mindestens 500 m zu arbeiten.

Alternativ kann die Vorprüfung auf der künstlichen Fährtenschuh-Übernachtfährte ohne Schweiß über mindestens 1 000 m absolviert werden.

Der *Klub für Bayerische Gebirgsschweißhunde e. V.* bedient sich für die *Vorprüfung* allein der Fährtenschuh-Übernachtfährte, ebenfalls über mindestens 1 000 m, wobei maximal 1/8 l Schweiß auf den ersten 500 m und letzten 100 m (also insges. 600 m) verteilt werden und die restlichen 400 m ohne zusätzliche Schweißbeigabe verlaufen.

Die *Hauptprüfung* beider Vereine erfolgt allein auf der natürlichen Wundfährte, wie sie im Rahmen der regulären Jagdausübung oder auch nach einem Verkehrsunfall anfällt. Für das Bestehen der Prüfung sind angemessene Mindestbedingungen vorgegeben.

„Schweiß Natur“

Außerhalb der Schweißhunderassen bieten einige Spezialzuchtvereine das Leistungszeichen „Schweiß Natur“ an. Auch hier geht es nur um natürliche Nachsuchen. Die Bedingungen für den Erwerb des Leistungszeichens setzen die verschiedenen Vereine unterschiedlich.

Die Vorprüfung für Bayerische Gebirgsschweißhunde findet auf der mit dem Fährtenschuh getretenen Übernachtfährte statt.

Schweißprüfungen auf der künstlichen Rotfährte

Allen übrigen Schweißprüfungen, die im Rahmen von Brauchbarkeits-, Gebrauchs- und Spezialprüfungen des Jagdgebrauchshundverbandes e. V. abgehalten werden, liegt die *künstliche Rotfährte* zugrunde. Diese Prüfungen sollen eingehender behandelt werden.

Weit gespannte Anforderungen

Die Vielzahl gültiger Prüfungsordnungen, in welche die Ordnungen für Brauchbarkeitsprüfungen der jeweiligen Bundesländer mit eingeschlossen sind, repräsentiert mit den unterschiedlichen Mindestbedingungen eine enorme Spannweite der Anforderungen. Die Spannweite ist vor allem gekennzeichnet durch verschiedene Vorgaben an

- die Stehzeiten der Fährten,
- die Längen der Fährten,
- die verwendete Schweißmenge je Längeneinheit,
- den Verlauf der Fährten und nicht zuletzt
- die Revierverhältnisse hinsichtlich zu erwartender Verleitungsfährten.

Übernacht- und Tagfährten

Die meisten Prüfungsordnungen sehen die *Übernachtfährte* vor, zum Teil wird aber noch auf der Tagfährte geprüft. Wer den vorgestellten Leitfaden zur Ausbildung des vielseitigen Jagdgebrauchshundes auf der Rotfährte verinnerlicht und mit seinem Hund eigene Erfahrungen gesammelt hat, der weiß, dass die Tagfährte, zwei bis fünf Stunden alt, keine ernst zu nehmende Anforderung an den Jagdhund stellt. Man darf es eine „Beleidigung der Hundenase“ nennen, will man die Anspruchslosigkeit der Anforderung beschreiben. An die Ausführungen im Abschnitt „Stehzeiten“ (Seite 80) wird erinnert.

„Normale“ und „schwierige“ Nachsuchen

Die Ziele von Leistungsprüfungen im Jagdgebrauchshundewesen orientieren sich im Wesentlichen an den Erfordernissen der jagdlichen Praxis. Mit der Schweißarbeit bei Gebrauchsprüfungen des Jagdgebrauchshundverbandes und Brauchbarkeitsprüfungen der Bundesländer sollen die Hunde den Nachweis erbringen, im Jagdbetrieb anfallende, *„normale“ Nachsuchen* leisten zu können. Das sind in der Regel Totsuchen nach begrenzten Stehzeiten, deren Fährtenverläufe von den „Todesfluchten“ der beschossenen Stücke bestimmt sind.

Zudem müssen *Spezialisten für Nachsuchen in schwierigeren Fällen* bereitstehen, für Wundfährten mit komplizierteren Fährtenverläufen, längeren Fluchtstrecken, längeren Stehzeiten etc. – oder wenn mit (lautem!) Hetzen sowie Niederziehen oder Stellen zu rechnen ist.

Prüfungen für den „normalen" Nachsuchenhund

Diese differenzierte Sichtweise ist aus der Vielzahl der relevanten Prüfungsordnungen leider nicht immer zu erkennen. Im Rahmen von *Vielseitigkeitsprüfungen* (Gebrauchs- und Brauchbarkeitsprüfungen) liegen die Anforderungen an die „Schweißarbeit" nennenswert auseinander. Die unterschiedlichen Vorgaben betreffen vor allem die Stehzeiten (Tagfährten mit mind. zwei Stunden bis Übernachtfährten), die Fährtenlänge (300 bis 1000 m) und die Schweißmenge je 100 m (80 bis 25 ml).

Prüfungen und Jagdpraxis im Wiederspruch

Das Anspruchsdenken in den verantwortlichen Vereinen ist mit der jagdpraxisbezogenen Objektivität zuweilen schwer vereinbar. Den vielen über das Nachsuchenwesen relativ gering informierten Jägern ist damit nicht geholfen.
Es wäre der Jagd dienlicher,

- einerseits die Anforderung an die „Schweißarbeit" im Rahmen von Vielseitigkeitsprüfungen auf notwendige Vorgaben zu vereinheitlichen, vor allem hinsichtlich Fährtenlänge, Fährtenstehzeit und Schweißmenge,
- andererseits gemeinsame Spezialschweißprüfungen (Verbandsschweiß- und -fährtenschuhprüfung) durch höhere, jagdpraktische Ansprüche aufzuwerten.

Für den Nachweis der Brauchbarkeit zur „normalen" Nachsuche ist die Fährtenlänge von 400 m eine seit Jahrzehnten angenommene, hinreichende Größe. Das tödlich getroffene Stück flüchtet, wenn es nach dem Schuss wirklich in Ruhe gelassen wird, nicht über diese Strecke hinaus und verendet im angenommenen Wundbett. Andernfalls flüchtet das kranke, aufgemüdete Wild viel weiter und legt ggf. Widergänge u. Ä. ein, sodass dann ohnehin der Spezialist gerufen werden muss. Die übernächtige Fährtenstehzeit ist in jedem Falle notwendig, zumal sich nächtliche Nachsuchen nach abendlichen Jagden in den meisten Fällen aus Tierschutzgründen verbieten (s. Seite 112 f.). Die Schweißmenge ist von nachgeordneter Bedeutung, wobei sich 1/4 l je 400 m, d. s. ca. 60 ml je 100 m, bewährt haben.

Wenn das Gespann scheitert ...

Das Ziel des in diesem Buch vorgestellten Ausbildungskonzeptes liegt weit über diesen Anforderungen. So dürfte das Prüfungsfach „Schweißarbeit" im Rahmen einer Vielseitigkeitsprüfung zu den leichteren gehören. Wenn Gespanne zuweilen trotzdem auch unter solchen Bedingungen versagen, liegt es in der Regel an der massiven Verunsicherung des Führers, der z. B. keinen Schweiß sehen kann und zudem aufgeregt ist, sodass sich dessen desolate Befindlichkeit auf den Hund überträgt. Dann versteht der Hund „die Welt nicht mehr", er weiß überhaupt nicht, was er tun soll.

Es ist daher wichtig, dass der Führer an sich arbeitet, seine prüfungsbedingte Anspannung ablegt und zu innerer Gelassenheit findet. Er muss den Hund zu „lesen" gelernt haben, ihm vertrauen, sich konzentrieren und seine bisherige, erfolgreiche Führungsweise beibehalten!

Prüfungen für Spezialisten

Die Anforderungen der Prüfungsordnungen für die *Verbandsschweißprüfung* (VSwPO) und die *Verbandsfährtenschuhprüfung* (VFSPO) sind an den künftigen Nachsuchenspezialisten gerichtet, der schließlich neben anderen Aufgaben die der Schalenwildnachsuche mit hohem Anspruch erfüllt.

Dabei sei ausdrücklich festgestellt, dass mit dem Bestehen dieser Prüfungen noch kein Nachsuchenspezialist geschaffen ist. Die selbstsichere Erfüllung der Anforderung ist jedoch eine angemessene Ausgangsbasis für den Hund, nach umfangreicher Erfahrung zum Spezialisten zu werden. Das setzt hingebungsvollen, passionierten Einsatz des Führers bei möglichst vielen Nachsuchen voraus.

VSwP und VSP stellen vergleichsweise hohe Anforderungen, ihr Bestehen allein macht aber noch keinen Nachsuchenspezialisten!

„Eliteprüfung" VSwP/VFSP

Die VSwP ist als Eliteprüfung im positiven Sinne zu sehen, wenn einige Voraussetzungen gegeben sind, die nicht allein an 250 ml Schweiß auf 1000 m Länge, drei rechtwinkligen Haken und 20 bzw. 40 Stunden Fährtenstehzeit festgemacht, sondern durch die folgenden Bedingungen ergänzt werden:

- Das Prüfungsrevier liegt in einem großen Waldgebiet.
- Gute Bestände mindestens zweier Schalenwildarten sorgen für hinreichende Verleitungen.

- Alle übrigen Mindest-/Höchstbedingungen/Mussbestimmungen der Prüfungsordnung werden als solche eingehalten.
- Wenigstens der Obmann der Richtergruppe ist ein in der praktischen Nachsuche erfahrener Jäger.

Die VSwP ist für das Gespann keine Sportveranstaltung, bei der es um Siege, Medaillen und Platzierungen geht, insofern würde die Sprachregelung, dass ein Gespann „bestanden“ hat bzw. „durchgefallen“ ist, besser in „zum Stück gekommen“ bzw. „nicht zum Stück gekommen“ geändert.

Sachliche Analyse statt „Suchenpech“
Dieses Selbstverständnis begleitet den anspruchsvollen Führer während seines ganzen Nachsuchenlebens. Kein „Suchenpech“ bzw. „Suchenglück“ sollte bemüht werden. Nach dem Einsatz ist sachlich und frei von ehrgeizigen Wettbewerbsgefühlen zu analysieren, welche konkreten Umstände zu dem erzielten Ergebnis geführt haben. Der Ehrgeiz sei allein darauf gerichtet, mit dem Hund nach anspruchsvoller Arbeit zum Stück zu kommen. Die Enttäuschung nach einer erfolglosen Schweißprüfung sollte nicht größer sein als jene nach einem erfolglos abgebrochenen Einsatz in der Nachsuchenpraxis!

Weniger wäre mehr
Es ist offenkundig, dass nicht alle „Verbandsschweißprüfungen“ und „Verbandsfährtenschuhprüfungen“ den beschriebenen Anforderungen entsprechen. Nennenswerte Unterschiede spiegeln sich in den stark voneinander abweichenden, über Jahre gesammelten „Erfolgsquoten“. Auch die Tatsache, dass es im Jagdgebrauchshundverband zur Zeit jährlich rund 180 solcher Veranstaltungen mit einer durchschnittlichen Meldezahl von nur vier Hunden gibt, spricht für sich. Gefordert wird die Konzentration mehrerer Prüfungen zu jeweils einer Veranstaltung, die entsprechende Voraussetzungen gewährleistet.

Vereinsegoismus und hundesportlicher Ehrgeiz anstelle der rein jagdlichen Motivation sind kontraproduktiv.

Zulassungsfragen
Die Zulassung zur VSwP und VFSP setzt den zuvor bei anderer Gelegenheit erbrachten *Lautnachweis* voraus, weil der Laut bei Nachsuchen mit anschließender Hetze eine außerordentlich wichtige Orientierungshilfe für die Nachsuchenden ist. Zudem müssen die Hunde ein *Mindestalter* von *24 Monaten* aufweisen. Auch diese Bestimmung ist gerechtfertigt, denn insbesondere zur Überwindung von Verleitungen durch Wild bedarf es einer angemessenen Reife des Hundes,

der einerseits die Verlockungen kennt, andererseits gelernt hat, ihnen zu widerstehen.

Dem Sinn und Ziel käme man noch näher, wenn das Mitführen einer Langwaffe während der Prüfung gefordert würde. So müsste der Führer diese zusätzliche Belastung mit seiner Führung vereinbaren, wie es in der Nachsuchenpraxis selbstverständlich ist. Zudem könnte für die Zulassung der Nachweis gefordert werden, dass der Hund bereits (leichtere) Nachsuchen mit anschließender Hetze absolviert hat. Unter dieser Voraussetzung bekäme die konzentrierte Riemenarbeit in Verbindung mit der Beherrschung von Verleitungen einen höheren, sachgerechteren Stellenwert. Beide Anregungen sind zukünftigen Entscheidungen vorbehalten.

Totverbeller und Totverweiser

Die erste VSwPO sah die Möglichkeit einer Zusatzprüfung als *Totverbeller* bzw. *Totverweiser* vor. Das entsprach einer Denkweise aus der Zeit vor dem Zweiten Weltkrieg (vgl. Seite 10 f.). Damals räumte man der freien Arbeit bei der Nachsuche, vor allem auf Rehwild, noch einen hohen Stellenwert ein. In der Folgezeit gewann die saubere Riemenarbeit für nachhaltig erfolgreiche Nachsuchen zunehmend an Anerkennung, sodass die Zusatzprüfung in der VSwPO sinnvollerweise gestrichen wurde, weil sie von der zentralen Aufgabe ablenkt.

Jede Totsuche ist grundsätzlich allein per Riemenarbeit abzuschließen. Es gibt keine forstliche Dickung, in die der Nachsuchenführer seinem Hund nicht folgen könnte! Außerhalb dieser Regel mögen in relativ wenigen Fällen größere Schwarzdornbestände u. Ä. liegen, was aber die Aufweichung des Kernanliegens nicht rechtfertigt. Im Übrigen müssen „unzugängliche“ Gebiete ohnehin aufgesucht werden, um das Wild zu bergen.

Der Totverbeller oder Totverweiser wird in der Regel erst gebraucht, wenn der Hund das noch fluchtfähige Stück nach der Hetze niederzieht und abwürgt, dann seinen Führer ruft bzw. hinführt. Das betrifft vor allem Nachsuchen auf Rehwild. Eine entsprechend praxisgerechte Prüfung ist kaum umzusetzen. Im Rahmen der Gebrauchsprüfungen wird lediglich ein Ausbildungsstand als Totverbeller bzw. Totverweiser geprüft. Die weitere Ausbildung erfolgt im Rahmen der jagdlichen Praxis.

Der Verfasser will betonen, dass er seine Gebrauchshunde stets zusätzlich als Bringselverweiser ausbildet, was ihm bei Nachsuchen auf laufkrankes und gekrelltes Rehwild eindrucksvolle Erlebnisse beschert hat. Die „Musik des Totverbellers“ und die begeisternde Zusammenarbeit mit dem totverweisenden Hund dürfen aber das Bewusstsein für die weit übergeordnete, zuverlässige, anspruchsvolle Riemenarbeit nicht verstellen!

Vorbereitung auf VSwPO und VFSPO

Die sorgfältige Ausbildung des Hundes nach dem hier geschilderten Konzept vorausgesetzt, sollen nachfolgend noch einige prüfungsrelevante Gesichtspunkte angesprochen und zur Beachtung im Vorfeld der Prüfung empfohlen werden:

- Der Übungsstand entspricht etwa den *doppelten Anforderungen* der Prüfungsordnung. Beispielsweise arbeitet der Hund in sicherer Manier die von einer Hilfsperson hergestellte, künstliche Rotfährte in schalenwildreichem Revier über 2000 m, Beginn über etwa 200 m Freifläche, durch wechselnde Bestände, insgesamt 1/4 l Schweiß getupft, etwa 10 rechtwinklige Haken eingelegt, nach 48 bzw. 72 Stunden. Das verleiht auch dem Führer eine Selbstsicherheit, die sich auf den Hund überträgt und bei der Prüfung auf der 20-Stunden-Fährte bzw. 40-Stunden-Fährte auszahlt.
- Während der letzten zwei bis drei Wochen vor der Prüfung werden *ablenkende Einsätze* des Hundes wie Stöbern und Wildhetzen *vermieden.*
- Mindestens die *letzte* reguläre *Mahlzeit* für den Hund vor der Prüfung *fällt aus.*
- Am Prüfungstage stimmt der Führer den Hund und sich selbst auf *innere Ruhe* ein. Der Hund wird von anderen Menschen und Hunden ferngehalten, während der Wartezeit allein bewegt und/oder an einem ihm genehmen Ort abgelegt. Er wird nicht zum Abreagieren eigener Nervosität gestreichelt oder gar getätschelt, sondern gelassen-freundlich-bestimmt behandelt. *Der Führer lebt die innere Ruhe!*

Die Kandidaten der 56. VSwP „Pfälzerwald“

Die *Führung* auf der Prüfungsfährte erfolgt in der *für den Hund gewohnten Weise*, die sich von vorangegangenen Übungen nicht unterscheidet.

Service

Zitierte Literatur

[1] BANSEN Herbert (1996): Verwundt danach!; 2. Aufl., Jagd- und Kulturverlag Sulzberg/Allgäu.

[2] BERGIEN Karl/FREVERT Walter (1974): Die Führung des Schweißhundes; Kosmos, Stuttgart 2000.

[3] BORNGRÄBER Hans-Joachim (1998): Die Schweißarbeit; Kosmos, Stuttgart 2004.

[4] DIEZEL Karl Emil (1849): Diezels Niederjagd, von Gustav Freiherr von Nordenflycht hrsg. 13. Aufl. (1922).

[5] FISCHER Harald (2010): Wie man einen Schweißhund >macht<. Neumann-Neudamm, Melsungen.

[6] HELLBRÜGGE Theodor (Hrsg.): Fortschritte der Sozialpädiatrie. Band 2: Kindliche Sozialisation und Sozialentwicklung. 3. Aufl., Hansisches Verlagskontor, Lübeck 1999.

[7] FRIES Rudolf (1941): Sünden rings um die Schweißarbeit. Neue Originalausg. (1985), Jagd und Kulturverlag, Sulzberg (Allgäu).

[8] „Hirschmannbriefe", Verein Hirschmann e. V.

[9] JEANNENEY John (2006): Tracking Dogs for Finding Wounded Deer. ISBN 0-9725089.

[10] HOPP Paul-Joachim (1973): Das magische Gespann; Paul Parey, Hamburg u. Berlin.

[11] KREWER Bernd (1989): Die Nachsuche auf Schalenwild; Landbuch, Hannover.

[12] KRÜNITZ Johann Georg (1779): Oeconomische Enzyklopädie, Berlin.

[13] LORENZ Konrad (1973): Die Rückseite des Spiegels, R. Piper & Co., München.

[14] LUX Hans (1977): Vorstehhunde, Stöberhunde, Bracken auf der Schweißarbeit, 2. Aufl.; Paul Parey, Hamburg u. Berlin.

[15] MARTE Werner (1987): Fehler vor und bei der Nachsuche; Leopold Stocker Verlag, Graz (Österreich).

[16] MUELLER Franz (1938): Die Verwendung des Jagdhundes nach dem Schuss. Zeitschrift für Hundeforschung, Band XII, Heft 4.

[17] OBERLÄNDER (1926): Dressur und Führung des Gebrauchshundes. 10. Aufl., J. Neumann, Neudamm.

[18] RAESFELD Ferdinand von (1919): Das Deutsche Waidwerk, 2. Aufl.; Paul Parey, Berlin.

[19] RICHTER Klaus (2004): Schweißarbeit; Jagd- und Kulturverlag, Sulzberg (Allgäu)

[20] SCHERR Reinhard (2009): Der Fährtenschuh für die Ausbildung zur sauberen Riemenarbeit. „Der Jagdgebrauchshund“, Mitteilungsblatt des Jagdgebrauchshundverbandes e.V., Heft 9.

[21] TABEL Carl (1956): Der Wert der künstlichen Rotfährte und Niederwildschleppe für die Einarbeitung und Prüfung unserer Hunde, „Der Deutsche Jäger“, F. C. Mayer Verlag München, Nr. 14.

Deutsches Gebrauchshundestammbuch (DGStB), Band 52, S. 90 ff.

[22] TABEL Carl (2010): Der Jagdgebrauchshund, 14. Aufl.; blv, München.

[23] TABEL Uwe (1989): Zur Einarbeitung des vielseitigen Jagdgebrauchshundes für die Schweißarbeit; „Der Jagdgebrauchshund“, Heft 12, S. 4, dlv, München.

[24] UHDE Heinrich (2009): Das Jagdgebrauchshundewesen. Neumann-Neudamm, Melsungen.

[25] „Unser Hund - Jahresberichte“, Klub für Bayerische Gebirgsschweißhunde 1912 e. V.

[26] WIKIPEDIA (2010)

[27] ZUSCHNEID Karl (1973): Die Riechleistung des Hundes (Dissertation), Berlin, Journal-Nr. 810.

Register

Über den Autor

FDir. a. D. **Uwe Tabel** war Forstamtsleiter in Rheinland-Pfalz und Abteilungsleiter an der rheinland-pfälzischen Forstlichen Forschungsanstalt. Der Jagd und dem Jagdhundewesen ist er nicht zuletzt durch seinen Vater Carl Tabel, eine der prägenden Persönlichkeiten im Jagdgebrauchshundewesens des 20. Jahrhunderts, von frühester Jugend an eng verbunden. Seit 1953 führt und bildet Uwe Tabel eigene Jagdgebrauchshunde aus. In seinem renommierten Deutsch-Drahthaar-Zwinger „vom Kanonenturm" zog er bis zum heutigen Tag 28 Würfe. Die Schweißarbeit mit vielseitigen Jagdgebrauchshunden ist eines seiner Spezialgebiete: Viele seiner Hunde führte er mit großem Erfolg auf Schweiß in der Praxis und auf Prüfungen, darunter Erschwerten Verbandsschweißprüfungen. Für das Jagdgebrauchshundewesen setzte sich Uwe Tabel über Jahrzehnte ein: In der Gruppe Mittelrhein des Vereins Deutsch-Drahthaar, deren 2. Vorsitzender er über viele Jahre war und deren Ehrenvorsitzender er heute ist, engagiert er sich seit 40 Jahren als Sachbearbeiter für das Richterwesen. Als Vertreter der Jagdgebrauchshundvereine und deren zeitweiliger Sprecher gehörte er von 1983 bis 2010 dem erweiterten Präsidium des Jagdgebrauchshundverbandes an. Seine Kompetenz und Erfahrung gibt Uwe Tabel seit vielen Jahren in zahlreichen Welpen- und Junghund-Ausbildungskursen weiter.

Kosmos- Bücher zum Weiterlesen

Emmo Schröder
Der Kleine Münsterländer
Einer der beliebtesten Vorstehhunde: Der Kleine Münsterländer! Der Ausbildungsweg dieser Rasse vom Welpen zum Jagdgebrauchshund wird von einem langjährig erfahrenen Praktiker beschrieben.
110 S., 47 Abbildungen

Anton Fichtlmeier / Julia Numßen
Die Prägung des Jagdhundwelpen
Die ersten Wochen im Leben eines Hundewelpen sind für seine weitere Entwicklung von herausragender Bedeutung, denn bereits in diesem Alter werden entscheidende Weichen gestellt. Wer jetzt Fehler macht, kann sie später nur mühsam korrigieren. Renommierte Jagdhundausbilder informieren in diesem Buch, wie Züchter und Käufer den Jagdhundwelpen von Anfang an richtig prägen und erfolgreich auf seine zukünftigen Aufgaben vorbereiten.
128 Seiten, 136 Abbildungen

Hans-Joachim Borngräber
Die Schweißarbeit
Revieroberjäger Hans-Joachim Borngräber, langjähriger Leiter des Jägerlehrhofs Springe und ausgewiesene Nachsuchen-Experte, beschreibt in diesem Standardwerk die schrittweise Ausbildung des jungen Jagdgebrauchshundes zum perfekten Schweißhund. Eingehend stellt er dabei auch die Einarbeitung des Hundes mit dem Fährtenschuh dar. Umfassend und mit einem Erfahrungsschatz aus Tausenden von Nachsuchen vermittelt der Autor, auch anhand von Beispielen aus der eigenen Arbeit, worauf es bei der Schweißarbeit in der rauen Praxis ankommt.
496 Seiten. 51 Abbildungen

Hans-Jürgen Markmann
Vom Welpen zum Jagdhelfer
Hans-Jürgen Markmanns „Vom Welpen zum Jagdhelfer" steht seit Jahren für erfolgreiche, weil artgerechte Jagdhundausbildung. Die aktualisierte und erweiterte Neuauflage des anerkannten Standardwerks!
240 S., 309 Abbildungen

Hans-Jürgen Markmann
Der Jagdhundwelpe
Fördern Sie die Anlagen Ihres künftigen Jagdhundes behutsam, aber zielstrebig. Dieser Ratgeber zeigt, worauf es ankommt. Das Buch vermittelt alle Kenntnisse, die für Haltung, erste Früherziehung und rechtzeitige jagdliche Prägung unabdingbar sind.
120 S., 109 Abbildungen

Bildnachweis

Mit 100 Farbfotos von Axel Brachat (65): Vorsatz/S.1, S. 5, 14, 18, 21, 24, 27, 29 alle, 31 Mi. und u., 32, 33 alle, 34, 38 alle, 39 beide, 41, 43, 44 beide, 46, 47 beide, 49 beide, 51, 55, 58 beide, 59, 60 beide, 61, 62 beide, 63, 64 beide, 66 beide, 67, 69, 70, 72 beide, 73, 75, 76, 79, 89, 93, 94 Mi. und o.; 96, 98 beide, 117, 119; Kyra Gaertner (2): S. 36 beide; iStockphoto (2): S. 57; Ingrid Lamour (2): S. 37 beide; Ekkehard Ophoven (4): S. 17, 82, 121, 125; Uwe Tabel (21):S. 31 o., 52, 83, 84, 86 beide, 87 beide, 88 beide, 94 u., 104, 106, 107 beide, 109 alle, 110 beide; Karl-Heinz Volkmar (4): S. 7, 100, 103, 113; Karl Walch: S. 128

Mit 2 Zeichnungen von Deutsches Jagd- und Fischereimuseum München: S. 8; Jagdgebrauchshundverband e. V.: S. 10

Impressum

Umschlaggestaltung von eStudio Calamar unter Verwendung einer Fotografie von Axel Brachat

Mit 100 Farbfotos, 2 Zeichnungen und 1 Grafik

Unser gesamtes lieferbares Programm und viele weitere Informationen zu unseren Büchern, Spielen, Experimentierkästen, DVDs, Autoren und Aktivitäten finden Sie unter **www.kosmos.de**

Gedruckt auf chlorfrei gebleichtem Papier

Neu bearbeitete und ergänzte Ausgabe 2012

ISBN 978-3-440-13196-1
Redaktion: Ekkehard Ophoven
Produktion: Die Herstellung
Printed in Slovakia / Imprimé en Slovaquie

FSC
www.fsc.org
MIX
Paper from responsible sources
FSC® C084279